"新形态" 美育教材

U0501503

职业核心素养与美育

主　编　江红霞　刘国莲　李佳曦

副主编　陈　娇　刘一沙　龙　云
　　　　胡　烽　章　玲　周劲廷

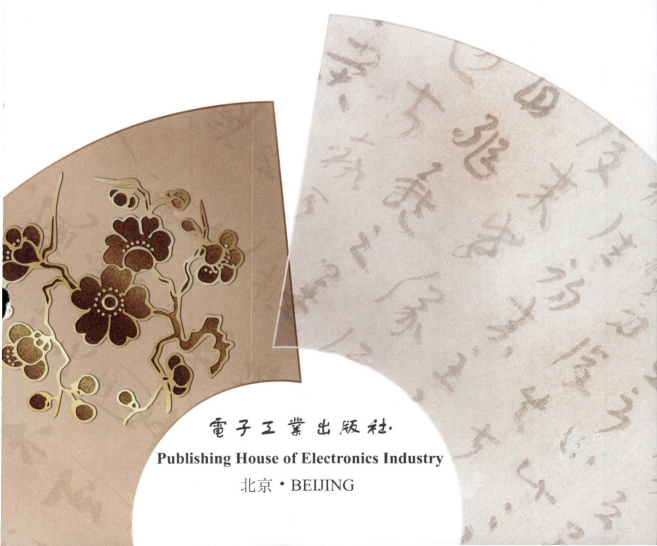

電子工業出版社

Publishing House of Electronics Industry

北京 · BEIJING

内 容 简 介

本书是依据中共中央办公厅、国务院办公厅印发的《关于全面加强和改进新时代学校美育工作的意见》文件精神，以提高学生审美和人文素养、弘扬中华美育精神为目标，集创新性、实践性为一体的美育教材。

本书分为三大模块，按理论概述、审美鉴赏和立美践行的育人思路编写：先感受职业核心素养与美育的重要性；再通过对中华传统文化作品、中华文学艺术作品的鉴赏，陶冶情操、净化心灵，培养审美能力；最后通过职场仪容仪表、职业语言、职业礼仪等实践体会，并结合职业榜样认知，提升学生的职业核心素养。

本书配备了丰富的网络学习资源，既可作为高等院校、职业院校等所有专业职业素养和美育通识课程教材，也可以用于企业员工岗前培训。

图书在版编目（CIP）数据

职业核心素养与美育：微课版 / 江红霞，刘国莲，李佳曦主编. —北京：电子工业出版社，2021.3

ISBN 978-7-121-40745-1

Ⅰ. ①职… Ⅱ. ①江… ②刘… ③李… Ⅲ. ①职业道德—高等学校—教材 ②美育—高等学校—教材
Ⅳ. ①B822.9②G40-014

中国版本图书馆 CIP 数据核字（2021）第 042307 号

责任编辑：贾瑞敏
印　　刷：北京缤索印刷有限公司
装　　订：北京缤索印刷有限公司
出版发行：电子工业出版社
　　　　　北京市海淀区万寿路 173 信箱　邮编　100036
开　　本：787×1 092　1/16　印张：10　字数：201.6 千字
版　　次：2021 年 3 月第 1 版
印　　次：2021 年 3 月第 1 次印刷
定　　价：49.30 元

凡所购买电子工业出版社图书有缺损问题，请向购买书店调换。若书店售缺，请与本社发行部联系，联系及邮购电话：（010）88254888，88258888。

质量投诉请发邮件至 zlts@phei.com.cn，盗版侵权举报请发邮件至 dbqq@phei.com.cn。

本书咨询联系方式：（010）88254019。

前言

    党的十九大明确提出：要全面贯彻党的教育方针，落实立德树人的根本任务，发展素质教育，推进教育公平，培养德智体美全面发展的社会主义建设者和接班人。2020 年 10 月 15 日中共中央办公厅、国务院办公厅印发《关于全面加强和改进新时代学校美育工作的意见》，提出以习近平新时代中国特色社会主义思想为指导，全面贯彻党的教育方针，坚持社会主义办学方向，以立德树人为根本，以社会主义核心价值观为引领，以提高学生审美和人文素养为目标，弘扬中华美育精神，以美育人、以美化人、以美培元，把美育纳入各级各类学校人才培养全过程，贯穿学校教育各学段，培养德、智、体、美、劳全面发展的社会主义建设者和接班人。可以看出，党和国家在顶层设计上不仅重视立德树人的基本方针，也十分关注传统文化继承、美育教学改革和学生素养培育。

    我国已跨入新时代社会发展时期，传统的职业教育技术技能型人才的"流水线"培养模式已无法更好地适应社会发展需求、企业用人要求。高等职业（简称"高职"）院校毕业生的技能与道德、做事与做人相脱节，内在的情感、态度、价值观等逐渐与外在的技能和知识产生二元对立，"立德树人"的育人效果往往在现实中大打折扣，"培养什么样的人"的问题重新摆在了高职教育的面前。

    在高职教育领域，职业核心素养的提出回答了 21 世纪高职教育"培养什么样的人"的问题，强调了高职教育的育人属性，把人自身的可持续发展作为核心和目标，引导高职教育的内涵更加注重"育人"，培养"全面发展的人"。

    当前，职业院校的美育教育现状不容乐观，主要有以下几个问题：一是很多高职院校在课程改革中重技能而轻素质，导致美育课程成了"压缩饼干"，面临生存危机；二是高职院校的美育教学效果不尽人意，许多高职美育教材普遍缺乏高职特色，注重以培养学生审美素养为目标的形式美育，忽略以美育为手段提升学生素养功能的实质美育。此外，编写模式注重平面化的理论讲解与静态的知识传授，缺乏对高职学生心理与现实人生需求的有机融合，已经不适应当代高职学生的学习诉求。

因此，开发有利于提升高职学生职业核心素养的特色美育教材，是高职院校人才培养的重要任务和当务之急。

本书的编写秉承"立德树人"的根本宗旨，基于高职院校人才培养的需要，用美的规律、方法和手段，培养学生职业核心素养。本书是美育在高职教育阶段的实践性探索，也是职业生涯规划教育更全面、更完善地指导学生职业健康可持续发展的创新性摸索。本书的编写从高职院校美育课程教学的实际情况出发，依据建构主义学习理论，按照从理论到实践、由内在认知到外在行为的思路，设计教材结构，共分为三大模块。依据"大美育"促"大素养"的构想设计本书内容，主要包括理论概述、审美鉴赏、立美践行三个部分，以促进人文美育蕴含的传统美德思想与高贵的精神向职业核心素养渗透。

本书的特色和创新价值主要体现在以下方面：

一是视角创新——将传统人文美德融入美育教学，创新性地提升学生职业核心素养的"大美育"促"大素养"之视角。

模块一主要介绍职业核心素养和美育在高职教育如何培养"全面发展的人"这一问题中所提供的理论支撑，较为详细地介绍了职业核心素养与美育的定义与内涵、理论背景、主要功能与途径等。

模块二主要从学生内在认知建构的角度，通过对中华传统人文精神、文学作品和艺术作品等蕴含的职业情怀、职业品质、职业审美的思想领悟，以及对经典作品的审美鉴赏，促使学生思想受到中华传统美德熏陶，心灵得到净化、审美得到提升，培育学生爱国主义的职业情怀；培养学生不怕困难、乐于奉献、敢于钻研的职业品格；提升学生的职业审美、激发学生的创造力。

模块三主要从职业美外在行为强化的角度，基于之前的理论指导和内在美熏陶，进一步介绍高职学生在仪容仪表、语言表达、形体艺术和商务礼仪等方面实用性较强的外在美实践方式，让学生逐渐领悟做人与做事、技能与品德的协调美。另外，本模块结尾处着眼于学生毕业后面临的各行业实践环境，挑选各行业中具备优秀职业核心素养的人物案例进行介绍，提升学生对职业核心素养榜样的实践认知和学习激情，力求社会主义核心价值观对学生职业生涯发挥立体化、持续的育人效用。

以上三个模块的内容具有开放性与灵活性，兼具理论性与实践性，符合高职学生的接受心理。

　　二是内容创新——创建美育提升职业核心素养的内容。立足时代，坚持立德树人，明确育人目标，通过美育课程，把美育深度贯彻到职业核心素养提升的学习中，坚持以文化人、以美立人，突出中华传统人文经典和艺术经典的育人作用，围绕"职业核心素养"，尝试开展美育课程。本书配有在线开放资源，以时代案例为导入，对经典人文案例进行赏析，突显人文美育古今融合、时代意义突出的课堂教学现场感，让每一个育人点最终落实到"职业核心素养"的基点上。本书以马克思主义美学思想为根本纲领，以中华传统美德为理论基石，按照美的规律来育人，以美育的方法提升高职学生的职业核心素养。

　　本书是湖南工业职业技术学院职业核心素养教学团队的共同成果。本书具体分工如下：江红霞负责教材体例的制定及统稿，具体编写模块一；刘国莲负责本书的宏观指导与政策把握等；李佳曦负责模块二和模块三的编写及网络资源延设。本书所配的电子课件、教案、章节测试题库及答案、课程标准、案例注意等可登录华信教育资源网（www.hxedu.com.cn）免费下载。课程资源脚本制作、教材资料收集、文档校对、插图筛选等，都离不开团队成员的努力与合作。在编写过程中，编者团队参考了大量文献资料并获得了湖南康恩特制药公司等企业相关专家的指导，特向资料作者及同行、领导、企业专家表示衷心感谢！

　　由于编者水平和时间有限，难免出现不妥之处，敬请批评与指正。

目录

模块二　审美鉴赏

模块三　立美践行

理论概述

模块一

第一章
职业核心素养

微 课

学习目标

◎ 了解素养、核心素养的内涵；

◎ 掌握职业核心素养的概念；

◎ 养成独立思考、创新思维、团结合作的能力。

第一节　　基本概念

一、关于素养

《汉语大辞典》对"素养"的定义之一为修习涵养，《汉书·李寻传》的"马不伏枥，不可以趋道；士不素养，不可以重国"，宋代陆游《上殿札子》的"气不素养，临事惶遽"，元代刘祁《归潜志》卷七的"士气不可不素养。如明昌、泰和间，崇文养士，故一时士大夫，争以敢说敢为相尚"；另一定义为平素所供养，《后汉书·刘表传》的"越有所素养者，使人示之以利，必持众来"。可见，职业核心素养中的"素养"取第一个层面的意义。《新华词典》则将人在后天教育或环境影响下形成和发展的品质称为"素养"，指"平时的锻炼和教养"。

从上述的界定中可以发现，"素养"有两层含义，一层是名词的含义，静态的，指后天养成的某些品质；另一层则是动词的含义，动态的，指人不断修习涵养的过程。可以确定的是，不管其为动态含义还是静态含义，"素养"都是指后天养成的、不论及先天的遗传素质。

我们这里所说的素养，是从教育学角度进行诠释的素养，强调知识、能力、态度的统一，它的构成除了能力，还包括情感、态度、价值观等成分。

二、核心素养

1. 提出背景

随着信息化时代与知识社会的来临，各国综合国力的竞争日益加剧，各国之间的竞争已从表层的生产力水平的竞争转化为深层的以人才为中心的竞争。以经济发展为核心，致力于公民素养的提升，已成为世界各国发展的共同主题。在此背景下，各国教育改革围绕的一个核心问题是，21世纪培养的学生具备哪些最核心的知识、能力与情感态度才能成功地融入未来社会，才能在满足个人自我实现需要的同时，推动社会的健康发展？针对这一问题，世界经合组织和瑞士联邦统计署1997年12月启动的"素养的界定与遴选：理论和概念基础"项目，率先提出了核心素养这一概念。

随后，世界主要发达国家或地区也纷纷启动以核心素养为基础的教育目标体系研究，建构起符合本国或本地区实际情况的核心素养指标体系，并在此基础上开发和完善以培养学生核心素养为基础的课程改革方案，全面提升教育质量，更好地为社会发展服务。

在我国，党的十八大报告指出，"坚持教育为社会主义现代化建设服务、为人民服务，把立德树人作为教育的根本任务，培养德智体美全面发展的社会主义建设者和接班人"。党的十八届三中全会明确要求，"全面贯彻党的教育方针，坚持立德树人，加强社会主义核心价值体系教育，完善中华优秀传统文化教育，形成爱学习、爱劳动、爱祖国活动的有效形式和长效机制，增强学生社会责任感、创新精神、实践能力"。为贯彻十八大精神，教育部启动了"立德树人"工程。党的十九大报告进一步指出，"要全面贯彻党的教育方针，落实立德树人根本任务，发展素质教育，推进教育公平，培养德智体美全面发展的社会主义建设者和接班人"。"德智体美全面发展"的内涵也在逐渐发生变化。为此，迫切需要立足国情，结合时代特点，根据学生的成长规律和社会对人才的需求，把对学生全面发展的总体要求和社会主义核心价值观的有关内容具体化、细化为核心素养体系，以明确学生应具备的适应个人终身发展和社会发展需要的必备品格和关键能力，以深入回答新形势下教育要"培养什么人、怎样培养人"的问题。

2. 定义内涵

核心素养是知识经济发展影响社会生产方式，从而对劳动者提出的应具备的素养要求，它是一系列知识、技能和态度的集合，是可迁移、多功能的，这些素养是每个人发展自我、融入社会及胜任工作所必需的。

目前，国际上在核心素养领域的研究成果影响较大的三种模式如下：一是OECD（经济合作与发展组织）提出的"核心素养框架"，二是欧盟构建的"核心素养指标"，三是以美国、日本和新加坡等国为代表的"21世纪技能框架"。虽然核心素养是人类社会应对新世纪挑战的共同结晶，在世界范围内具有共通性，但不同性质的国际组织及不同国家和地区，在确定具体的核心素养内容及其体系方面却呈现出鲜明的民族地域特色和历史文化特点，与其自身所处环境的社会框架和文化脉络密切相关，更具有针对性。

综合各国际组织及有关国家和地区对核心素养的界定，依据我国历史文化传统及社会现实需求，结合当前教育改革实际，考虑到社会文化历史背景、教育改革发展的特殊性，"中国学生发展核心素养课题组"认为：核心素养是学生在接受相应学段教育过程中，逐步形成的适应个人终身发展和社会发展需要的必备品格与关键能力，在"文化基础、自主发展、社会参与"三大方面确立了6大素养，具体细化为人文情怀、审美情趣、勤于反思、健全人格、社会责任、国家认同等基本要点。如下图所示。

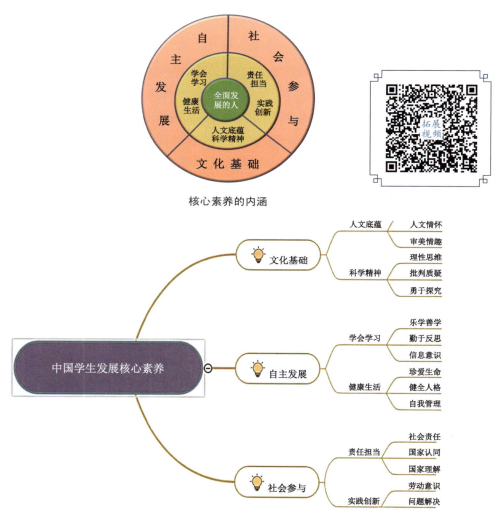

核心素养的内涵

中国学生发展核心素养框架

核心素养的本质既不是指单纯的知识技能，也不是指单纯的兴趣、动机与态度，而是指运用知识、技能解决现实问题所必需的思考力、判断力、表现力及人格品性。其内涵实质是：在注重培养各阶段学生知识和技能的同时，更加注重去发展承载和发挥这些知识和技能的品格和能力，注重使学生懂得如何做人、如何做事，学会学习、学会思维，使所学到的知识内化为自身品质和可持续发展的能力。其核心是培养"全面发展的人"。

三、职业核心素养

《中国教育现代化 2035》明确指出，到 2035 年，总体实现教育现代化，迈入教育强国行列，推动我国成为学习大国、人力资源强国和人才强国。实现教育现代化的根本目的在于培养具有核心素养的现代人。作为技能型人才供给基地的高职院校，要将学生职业核心素养培养作为重要的落脚点，着力培养具有工匠精神、精湛技艺、创新本领的高素质、高技能人才。

职业核心素养的限定词是"职业"，职业世界对个人素养的普遍要求构成了职业核心素养的核心内容。职业核心素养需要个体拥有对职业世界的正确知识，具备职业世界所要求的能力，形成正确的职业价值观、职业态度及遵从职业道德和职业规范的意识等。具备职业核心素养的人不仅能符合职业世界对人的普遍要求，还能以其自身的良好品质应对职业世界的快速变化。因此，培育高职学生面向职业发展的核心素养，是真正将"高职教育到底培养什么样的人"的命题落到了实处。

职业核心素养是核心素养在职业领域中对应的必备素养和关键能力，隶属核心素养的范畴，特指学习者在职业教育阶段习得的、适应未来职业生涯的核心素养。我们这里重点强调必备的职业情操与人格品性，主要指高职学生应具有的"工匠精神"，强调非专业知识的能力与品格，旨在为学生的综合发展、一生幸福而提供思想源泉、精神支持。

有专家将职业核心素养界定为：新时代职业教育及社会对人才质量与规格提出的新要求，强调人的创造性思维、判断与决策能力的提升、社会责任感、人际关系的合作能力和全球意识的培养，并指向在未来社会复杂与不确定情境中，运用跨学科及跨领域知识、技能、方法，以及调动各种情感态度价值观综合解决问题的能力。

还有专家认为，职业核心素养是当前高职教育在面对"新质量"观的迫切需要和现实境遇严峻挑战的同时，尽快适应新生态环境、顺应国际教育大格局和经济新常态后，对人才培养模式进行重新定位所采取的路径选择。学生在学校教育中最需习得关于适应未来生活和未来职业的能力，即职业核心素养。

正是因为素养中的职业情操与人格品性因素，才使高职教育更好地发挥"立德树人"的阵地作用，使职业核心素养超越了关键职业能力，其内涵指向"育人"，而不仅仅是

"制器"。

综上，本书所指的职业核心素养，是指高职毕业生遵循职业世界内在要求在世界观、价值观、人生观和具有的专业知识、技能基础上，表现出来的作风和行为习惯，是高职毕业生在职业生涯中，对职业情怀、职业品格、职业审美等必备素养与能力的综合运用，是个体通过职业外在行为表现出其内在品质。

职业情怀是职业核心素养的核心，职业品格是职业核心素养的关键，职业审美是职业核心素养的基础。

身边的榜样

小张是北京工业职业技术学院机电一体化专业的一名毕业生，他毕业后被北京飞机维修工程有限公司录取。对于一名高职学生来说，能进这样的大公司已是非常不错的选择了，然而他并没有骄傲自满，他非常明确地摆正了自己的心态，他认为自己在学校学到的东西远远不够，于是更加虚心地向老师傅学习。因为飞机维修是一个特殊的行业，零部件构造非常复杂，技术含量非常高，故障排除需要过硬的本领。小张在工作上认真负责、一丝不苟，以精益求精的态度要求工作质量。小张在飞机维修车间非常勤奋好学，利用各种时间和机会努力学习，这样他初步赢得了同事的认可，老师傅也愿意带这样的徒弟。久而久之，小张的技术水平有了非常大的提升。特别难能可贵的是，小张在飞机检修过程中，能够自己发现许多问题，同时也善于提出问题。他参阅了大量的技术资料，主动找相关技术专家询问相关技术问题。由于他在工作上始终严谨认真，非常踏实肯干，并且能够不断学习提高，很快在机电方面成了一名技术骨干，所以小张在参加工作的第三年就被部门评为"技术标兵"。

面对荣誉，小张非常谦虚地说："我参加工作不久，还有很多不足，没有可炫耀的资本，唯一要做的就是立足自己的本职工作，勤勤恳恳、尽职尽责地工作，在工作中尽量多学点本领比什么都宝贵。年轻人要想赢得别人的认同，没有什么秘诀，只有踏踏实实地干好自己的本职工作，在工作中提高自己的本领，努力使自己成为一名学习型、知识型、创新型的企业员工，这样既提升了自我价值，也能为企业和国家更多地贡献自己的力量。"看到小张的优秀事迹，我们真地应该为小张点赞！

思考:

1. 你认为案例中的小张成功的原因是什么?

2. 想一想,到目前为止,我们为自己的梦想付出了多少努力?

第二节 职业核心素养的主要内容

一、职业情怀

情怀是指含有某种感情的心境。情怀一词伴随着中国传统文人士大夫们传承至今,被用在了各种与人的情感相关的场景中,衍生出了家国情怀、士子情怀、乡土情怀等。在职场中,有职业情怀这一用语。

职业情怀是高职学生适应现代化大生产的客观要求、企业需要的必备职业素养。职业情怀既有利于高职学生提高自身的职业素养,又有利于在职业活动中增加成功的机会,更有利于促进整个社会风气积极健康发展。职业情怀所要求的敬业,承载着强烈的主观需求和明确的价值取向,这种主观需求和价值取向构成从业者实践活动的内在尺度,规定着职业实践活动的价值目标。职业情怀与职业生活相结合,具有较强的稳定性和连续性,形成具有导向性的职业心理和职业习惯,影响着主体的精神风貌。职业情怀主要包括以下几方面。

1. 敬业

敬业,是一种高尚的品德。它表达了这样一种含义:对自己所从事的职业怀着一份热爱、珍惜和敬重,不惜为之付出和奉献,从而获得一种荣誉感和成就感。可以说,如果社会上各个行业的人们都具有敬业精神,那么我们的社会就会更加文明,更加充满生机和活力。

敬业是一种优秀的职业品质,是职场人士的基本价值观念和信条。在经济社会中,每个人要想获得成功,得到他人的尊敬,就必须对自己所从事的职业、对自己的工作保持敬仰之心,视职业、工作为天职。可以说,敬业是职业精神的首要内涵。"敬业"在我国古代《礼记·学记》中就以"敬业乐群"这一词语明确地提了出来。正如朱熹所说:"敬业何,不怠慢、不放荡之谓也。"他还说:"敬字工夫,乃是圣门第一义……无事时,敬在里面;有事时,敬在事上。有事无事,吾之敬未尝间断。"这里的"敬事""敬业"都是指在工作中要聚精会神、全心全意。这种"不怠慢、不放荡""未尝间断"的敬业精神，是职业人做好本职工作所应具备的起码的思想品德。

进一步而言，所谓敬业，就是敬重自己的工作，将工作当成自己的事，其具体表现为忠于职守、尽职尽责、认真负责、一丝不苟、一心一意、任劳任怨、精益求精、善始善终等职业道德。

一个人，如果没有基本的敬业精神，就无法成为一个优秀的人，更难以担当大任。敬业是一种人生态度，是珍惜生命、珍视未来的表现。我们每个人都有责任、有义务、责无旁贷地去做好每一项工作，我们都应该为工作尽心、出力。

敬业之后的成功

有一个偏远山区的小姑娘到城市打工，由于没有什么特殊技能，于是选择了餐馆服务员这个职业。在常人看来，这是一个不需要什么技能的职业，只要招待好客人就可以了，许多人已经从事这个职业多年了，但很少有人会认真地投入这份工作，因为这份工作看起来实在没有什么需要投入的。

这个小姑娘恰恰相反，她一开始就表现出了极大的耐心，并且彻底将自己投入工作之中。一段时间以后，她不但熟悉了常来的客人，而且了解了他们的口味，只要客人光顾，她总是千方百计地使他们高兴而来，满意而去。这不但赢得了顾客的交口称赞，也为饭店增加了收益——她总是能够使顾客多点一至两道菜，并且在别的服务员只照顾一桌客人的时候，她却能够独自招待几桌的客人。

就在老板逐渐认识到其才能，准备提拔她做店内主管的时候，她却婉言谢绝了这个任命。原来，一位投资餐饮业的顾客看中了她的才干，准备投资与她合作，资金完全由对方投入，她只负责管理和培训员工，并且郑重承诺：她将获得新店 25%的股份。

现在，这个小姑娘已经成为一家大型餐饮企业的老板。

小提示：

> 本案例介绍了一个来自偏远山区的小姑娘，用自己敬业的态度换取了人生的成功。敬业的人对自己的职业水准有很高的要求：精益求精，永远对工作现状不满意，永远在改善工作。这种敬业精神，在个人职业生涯发展道路上，直接决定着事业发展的高度。

2. 责任

责任，从本质上说，是一种使命，它伴随着每个人一生的始终。事实上，只有那些勇于承担责任的人，才有可能被赋予更多的使命，才有资格获得更多的荣誉。

责任是一种对国家、对社会、对团体、对他人履行职责的使命，更是每一个从业者应该履行的对社会的义务，有强烈责任感的人，正是许多用人单位所需要的。面对激烈的市场竞争，高职学生在任何时候都应把对责任的追求作为人生的最高追求，做一个勇于承担责任的人。

责任，就是分内应做的事。责任心，就是自觉地把分内的事做好的意识。它是个人对自己、对他人、对家庭、对集体、对社会、对国家负责任的认识、情感和信念，以及遵守相应的规范、承担责任和履行义务的自觉态度。

强烈的事业心和责任心，是做人的最基本准则之一，是判断一个人政治觉悟、主人翁意识的标准之一，是一个人价值观的直接反应，是一个人能否做好工作的前提，也是一个人能力发展的催化剂。一个有事业心、责任心的人，对自己认准的事情，只会有一个信念，那就是义无反顾地去拼搏，不达目的决不罢休。

负责任的大学毕业生

小希是某钢铁企业负责称重的一名普通员工，他大学毕业到这家钢铁企业工作还不到一个月，就发现很多炼铁的矿石并没有得到完全充分的利用，一些矿石中还残留着没有被冶炼好的铁。他觉得这样下去的话，企业会有很大的损失。于是，他找到了负责冶炼矿石的工人，跟他说明了问题。但是，这位工人说："如果技术有了问题，工程师一定会跟我说，你刚大学毕业想出风头可以理解，但技术确实没有问题。"于是，小希又找到了负责技术的工程师，工程师很自信地对他说："企业的技术是国内一流的，怎么可能会有这样的问题。"最后，他拿着冶炼好的矿石找到了企业负责技术的总工程师，他说："张总，我认为这是一块没有冶炼好的矿石，您认为呢？"总工程师看了一眼矿石，说："没错，小伙子你说得对。哪来的矿石？"小希说："是我们企业冶炼好的矿石。""怎么会，我们企业的技术是一流的，怎么可能会有这样的问题？"总工程师很是诧异。

之后，总工程师立即召集负责技术的工程师到车间，果然发现了大量冶炼并不充分的矿石。经过检查发现，原来是监测机器的某个零件出现了问题，导致冶炼的不充分。企业的总经理知道了这件事之后，不但奖励了小希，而且还晋升他为负责技术监督的工程师。

小提示：

> 企业并不缺少工程师，但缺少的是负责任的工程师。对于一个企业来讲，专业技术人才是重要的，但更为重要的是真正有责任感和忠诚于企业的专业技术人才。小希从一个刚刚毕业的大学生成为负责技术监督的工程师，可以说是一个飞跃。他之所以能获得参加工作之后的第一步成功，就是因为他对企业的责任感。正是这种责任感，让小希得到了脱颖而出的好机会。成功，在某种程度上说，就是来自于责任的履行。

3. 理想

这里的理想，是指职业理想。职业理想是职业情怀的核心和动力，指个人在一定的世界观、人生观、价值观的指导下，依据社会要求和自身条件，对自己未来所从事的职业所做出的、包含职业期待和职业目标等的想象和设计，即个人渴望达到的职业境界。它是人们实现个人生活理想、道德理想和社会理想的手段，并受社会理想的制约。职业理想是人们对职业活动和职业成就的超前反映。

职业理想的确定要符合客观实际，具体包括社会现实和个人实际情况两部分。个人实际情况又包括个人的兴趣、能力、性格、专业技能等。兴趣对人生事业的发展至关重要，但在选择职业时，首先要考虑的还是能力，这样更符合个人实际。

树立正确的职业理想，对于高职学生正确处理择业问题和正确对待职业生涯，最大限度地施展自己的才华和实现自身人生价值，具有十分重要的意义。

明确的职业理想能够帮助高职学生形成良好的职业道德和从业技能，在职场中以出色的工作、优质的产品和服务，为企业获得效益，为社会发展做出贡献。

正确的职业理想是劳动者在职业活动中的精神支柱。高职学生是未来的劳动者，是社会发展的潜在动力，在实现职业理想的过程中，要弘扬爱国精神和创新精神，积极投身到中国新时代社会主义建设中。

为了理想而奋斗

邓某中专毕业后，被分配到常州某公司做电工。有一次，他接到了车间打来的电话，一台由他负责的机器出了故障。他立即赶到厂房，经过几个小时的检测，仍然束手无策。

邓某请来了一位老师傅，老师傅只用了十几分钟，就把机器修好了。事后邓某听说，因为维修耽误了过多的时间，厂里一下子就损失了好几千元。这件事深深触动了他，他发誓要把技术学好。他给自己制订了强制学习计划，每晚必须看一个半小时的技术书籍。几年下来，他读了200多本专业书籍，相继拿下大专、本科学历，又用惊人的毅力跨越了英语和德语的障碍，而且对厂里1000多台（套）机器设备的"脾气"，他也全部摸清。在此基础上，他继续不断钻研，对机器设备进行了改进创新。至今，他参与公司的技改项目达400多个，其中独立完成145个，给企业创造了3000多万元的经济效益。

从普通技工发展成为主任工程师，再到副总工程师，今天的邓某已成为副总经理、技术总监，但他仍在不断地学习和创新，用自己的高超技能为企业和社会创造价值。

小提示：

邓某之所以能够成功，是因为他是个有追求且刻苦努力的人。如果他缺乏对理想的执着追求，那么他不会有今天的成绩。

二、职业品格

职业品格是指人们在从事职业活动过程中，从业者在认同本职业基本道德原则和职业规范的基础上，通过内化于心和外化于行表现出来的符合职业要求的稳定态度和行为习惯。职业品格教育强调将职业道德规范和要求内化，从而转变成个人自身的稳定态度和行为习惯，它包括以下内容。

1. 态度

这里的态度是指职业态度。职业态度是从业者对职业的看法和采取行动的倾向。职业态度是一个综合的概念，包括一个人自我的职业定位、职业忠诚度及按照岗位要求履行职责，进而达成工作目标的态度。职业态度是从业者对社会、职业和广大社会成员履行职业义务的基础。它不仅揭示了从业者在职业活动中的客观状态（即业绩的取得），从业者参与职业活动的方式（即职业的实践），同时也揭示了从业者的主观态度（即职业的认识）。职业态度决定职业发展，对高职学生事业的成功具有重要的意义。高职学生只有树立正确的职业态度，才能在激烈的市场竞争中拥有一席之地，才能在未来的职业活动中不断提升自己可持续发展的能力。

用干事业的态度去应聘

在一家大型招聘会上，一家著名企业的招聘摊位前聚集了很多应聘者。这些应聘者的年纪大多在 20 岁出头，基本都拥有大学教育背景。

人群中突然出现了一个比较扎眼的女性，她姓宁。宁女士今年已经 30 岁了，几个月前从一家公司的文员岗位辞职。经过简短的谈话，招聘人员竟然当场宣布录用宁女士。在场的其他应聘者就问招聘人员："我们条件大多数都比她好，为什么录取她呢？"

招聘人员回答说："因为她有事业心。你们大都问薪金待遇之类的问题，但宁女士只是问我们能否给她足够大的空间让她发展，施展自己的抱负。这说明她把工作当成自己的事业，而非养活自己的工具。对公司长久发展有利的人才，我们没有理由拒之门外！"

小提示：

职业劳动者只有具备了干事业的态度，才能认真对待工作，珍惜每一个学习和提高的机会，不断发现不足、提高自己。

2. 习惯

什么是习惯？《现代汉语词典》中关于习惯的解释有以下两个。

动词，指常常接触某种新的情况而逐渐适应。

名词，指在长时期里逐渐养成的、一时不容易改变的行为、倾向或社会风尚。

本书所指的习惯属于第二种，是人长期逐渐养成的、一时不容易改变的行为、倾向。确切地说，习惯是一种重复性的、通常为无意识的日常行为规律，它往往通过对某种行为的不断重复而获得。

毫无疑问，人是一种习惯性动物。无论自己是否愿意，习惯总是渗透在生活的方方面面。有调查表明，人们日常活动的 90% 源自习惯和惯性。想想看，老人为什么去晨练？因为这是他们的习惯。有些同学为什么放学回家后第一件事是打开电脑玩游戏？因为他已经养成了这样的习惯。古人云，习惯成自然。意思是某种行为如果演变为习惯，那么就成为很自然的事了。

习惯的力量是惊人的。无论好习惯、坏习惯，一旦形成，就很难改变，它让人必须遵照它的命令行事，否则就会感到难受和不安。坏习惯，必然影响个人的发展，成为成功的障碍。相反，好习惯是成功的基石与阶梯。

习惯包括生活习惯、学习习惯、运动习惯、职业习惯等。

职业习惯是指职场人在长期、重复的职业活动中逐渐养成的比较稳定的行为模式。一个人的职业竞争力主要体现在他的职业习惯上。因此培养自己良好的职业习惯，应该成为职业准备的当务之急。因为习惯不可能是一天练就的，它是一种日积月累、水滴石穿的积累的结果。

良好的职业习惯——事业成功的阶梯

曹某毕业于某高职学校，在校时，他的学习成绩只属于中等。毕业后他走上了工作岗位，由于在工作中肯吃苦，不怕脏不怕累，再加上活泼开朗的性格，经常给车间里的工人师傅们打水、倒水，还在闲暇之余打扫车间卫生，很快，工人师傅们喜欢上了这个小伙子，都争着将自己的工作经验和工作方法传授给他。工作三年后，曹某在公司举办的职业技能大赛中取得了优异成绩。正当此时，车间主任的职位有空缺，通过选拔与讨论，工人师傅们一致推荐年轻的曹某担任车间主任，而他也不负众望，带领车间人员使其车间成了公司的优秀车间。

小提示：

> "业精于勤，荒于嬉；行成于思，毁于随。"当高职学生将吃苦耐劳的品质变成了职业习惯时，必能得到公司领导和同事们的认可，为自己搭建事业成功的阶梯。

三、职业审美创造

职业审美素养是个体走向职业成功的必备要素。马克思主义美育观指出，美的根源在于劳动。劳动创造了美的世界，劳动创造了美的事物。美是通过实践所达到的主客观的统一，是劳动创造了美的事物。反过来说劳动过程本身就具有强烈的审美性、具有美感。马克思说，人是按照美的规律来建造的。只有掌握了审美的规律，或者对美有内在的体会和感悟，才能创造出美的事物。具体到职业教育中，审美素养能够为职业技能的获得和提升、创造力和判断力的养成奠定"美"的基础，还能通过"以美储善"带动学生道德水平的进步，并促进学生在职场中形成"美的人际关系"。

职业审美素养的获得将会对职场工作效率的提高、劳动产品质量的提升、劳资关系的和谐、职场人际关系的协调、职场角色冲突的调适、职场文化的塑造等方面发挥积极的作用。

在职业生活中达到的最高审美境界就是这种既"入乎其内"、又"出乎其外"的人生状态。所谓职业审美的"入乎其内"，就是要真正把职业内化为生活的一部分，使其与我们的生活融为一个有机的整体。只有这样，职业才是人们的内在需要，而不是强加于我们的外在累赘。职业审美的"出乎其外"指的是既要爱职业、重职业，又不能唯职业。职业对于人生来讲只是一个过程，绝不是终极目标。我们既要发现职业中的审美因素，又要在一定程度上对抗职业带来的异化，要在职业生活中实现人生的境界超越。只有做到"入乎其内"和"出乎其外"的统一，才能实现职业生活中宇宙人生的意境之美。

1. 形象

这里的形象是指职业形象，在职场中拥有良好的职业形象具有重要意义。职业形象不仅是外在的仪容仪表，更是内在的职业人格的外化，是一个人综合素养的基本表现。

职业形象是个人职业气质的符号，是个人在职场公众面前树立的形象。职业形象包括多种因素：外表形象、知识结构、品德修养、沟通能力等。如果把职业形象比作一座大厦，外表形象则是大厦外表的马赛克，知识结构是地基，品德修养就是大厦的钢筋骨架，沟通能力则是连接大厦内部与外部的通道。

要成功就要改变性格，而改变性格必须从改变我们的习惯开始。所有这些都需要通过知识的积累、品德的修养、沟通能力的锤炼来实现，最后再给这座"大厦"粘贴上漂亮的马赛克，这样职业形象就美了。

实际上，不管你愿意与否，你时刻带给别人的都是关于你的形象的一种直接印象。当一个人进入一个陌生的房间时，即使这个房间里面没有人认识你，房间里面的人也可以通过你的形象得出关于你的结论：经济、文化水平如何；可信任程度如何，是否值得依赖；社会地位如何，老练程度如何；家庭教养的情况如何；是否是一个成功人士。调查结果显示，当两个人初次见面的时候，第一印象中的 55% 来自一个人的外表，包括衣着、发型等；第一印象中的 38% 来自一个人的仪态，包括举手投足之间传达出来的气质，说话的声音、语调等，而只有 7% 的内容来自简单的交谈。也就是说，第一印象中的 93% 都是关于外表形象的。

彬彬有礼的小陈

小陈是某国有企业的车间主任，在企业工厂一线工作十余年，他一直对工作充满了激情，也许就是这种激情感染了领导，也感染了同事，使他从一个普通的工人被提升为车间主任。同事对小陈总是有这样的评价：小陈生活朴素，穿衣整洁大方，总是笑脸迎人，和他在一起就像和家人在一起，没有距离感。

任何一个和小陈交往过的人都认为他彬彬有礼，有绅士风度。

小提示：

拥有大方得体的装扮，永远充满工作激情和了解基本的礼仪知识是小陈在同事和领导中得到好评的关键。可见，树立良好的职业形象可以帮助我们建立良好的群众基础，而这些良好的群众基础能够帮助我们取得事业上的成功。

2. 礼仪

礼仪是律己、敬人的一种行为规范。礼仪的"礼"字指的是尊重，即在人际交往中既要尊重自己，也要尊重别人。古人讲"礼者，敬人也"，实际也是我们生活中待人接物的基本要求。礼仪是指受历史传统、风俗习惯、宗教信仰、时代潮流等因素影响而形成的，既为人们所认同，又为人们所遵守的，以建立和谐关系为目的的各种符合交往要求的行为准则和规范的总和。

对个人来说，礼仪是其思想道德水平、文化修养、交际能力的外在表现。人们把在交往过程中的行为规范称为礼节，在言语动作上的礼仪表现称为礼貌。礼仪、礼节、礼貌的内容丰富多样，其基本原则如下：敬人原则；自律原则，就是在交往过程中要克己、慎重、积极主动、自觉自愿、礼貌待人、表里如一，常常进行自我反省、自我要求、自我检点、自我约束；适度原则，要适度得体、掌握分寸；真诚原则，要诚心诚意、以诚待人。

情绪控制是职场必备素养

小刘是一家大型企业的高级职员，她的能力是有目共睹的，无论是工作能力，还是文字水平，均是单位一流水平，上司对她也是充分肯定的。平时，小刘的热情大方、率真自然，是比较受人欢迎的。但是，成也萧何，败也萧何。小刘的率直和毫不掩饰，在职场中有时可是个大忌。

前不久，单位提拔了一个无论是资历还是能力和业绩都不如她的女同事。小刘很生气，平时上司就对这位女同事特别关照，什么提职、加薪等好机会都想着她，好事几乎都让她承包了，眼看着处处不如自己的同事，一年之内竟然被"破格"提拔了三次，可自己的业绩明明高出她好多，上司却好像视而不见，只是一个劲地让她好好工作，而好机会总没她什么事。这次，小刘真地恼了，她义愤填膺地跑到上司的办公室去"质问"，并义正严辞地与上司"理论"起来，可上司那儿早已准备了些冠冕堂皇的理由，尽管这样，上司还是被小刘搞得非常狼狈。

从这以后，小刘的情绪一度受到影响，还因此备受冷落，同事也不敢轻易同她说话了。小刘很难受，又气又急又窝火，自己怎么也想不通为什么工作干了一大堆，领导安排的工作也能高标准地完成，可总是费力不讨好呢？看看那位女同事，也没干出什么出色的成绩，可人家不慌不忙地总是好事不断。经过分析，虽然原因是多方面的，但最主要的一条就是小刘犯了职场中的大忌，太情绪化了。

小提示：

小刘碰到事情和问题时很少多想为什么，只凭着感觉和情绪办事，只想干好工作，用业绩说话，在为人处事上太缺乏技巧了，常常费力不讨好。控制情绪，是职场必备素养。

"中国天眼"之父：南仁东

南仁东的名字，与 FAST 密不可分。洪亮的嗓音，如今变得嘶哑，曾跑遍大山的双腿也不再矫健。南仁东，把仿佛挥洒不完的精力留给了"中国天眼"——世界最大口径的射电望远镜 FAST。

这位驰骋于国际天文界的科学家，曾得到美国、日本天文界的青睐，却在 20 世纪 90 年代中期毅然舍弃高薪，回国就任中国科学院北京天文台副台长。

FAST 项目副总工程师李菂说："南老师的执着最让我佩服。他担起首席科学家和总工程师各种职责，推动了世界独一无二的项目。"度过了举步维艰的最初 10 年，FAST 项目渐渐有了名气，跟各大院校合作的技术也有了突破性进展。2006 年，FAST 项目立项建议书最终提交。通过最后的国际评审时，专家委员会主席冲上前紧紧握住南仁东的手："你做成了！"

在 FAST 现场，能由衷感受到"宏大"两个字的含义。而在十多年前，这样的图景在南仁东的脑海里已经成形。他要做的，是把脑海里成形的图景转化成现实。

2016 年 9 月 25 日，FAST 项目竣工进入调试阶段。利用这一世界最大的单口径球面射电望远镜，人类可以观测脉冲星、中性氢、黑洞等这些宇宙形成时期的信息，探索宇宙起源。

中国天眼

抱怨的结果

王杰是一家汽车修理厂的修理工，从进厂的第一天起，他就喋喋不休地抱怨，什么"修理这活太脏了，瞧瞧我身上弄的"，什么"真累呀，我简直讨厌死这份工作了"……每天，王杰都在抱怨和不满的情绪中度过。他认为自己在受煎熬，在像奴隶一样卖苦力。因此，王杰每时每刻都窥视着师傅的眼神与行动，稍有空隙，他便偷懒耍滑，应付手中的工作。

转眼几年过去了，当时与王杰一同进厂的 3 个工友，各自凭着精湛的手艺，或另谋高就，或被公司送进大学进修，独有王杰，仍旧在抱怨声中做着他讨厌的修理工作。

思考：

1. 你怎么看待王杰在工作中的表现？

2. 如何看待 00 后的职业情怀？

第三节　职业核心素养的主要特点

一、品格性

品格是指稳定地支撑人们行为的道德倾向性。品格不是先天就有的，需要通过长期的社会实践活动来养成，一旦形成便相对稳定。品格存在于个体的思想深处，属于思想道德范畴，通过个体在日常生活和工作中的具体行为表现出来并对行为模式起决定作用。

品格与教育的关系极为密切，品格的养成长期以来被认为是教育活动的目的。品格教育的关键是要促使个体养成与当前社会主流价值观密切相关的道德倾向性，品格教育也是培育公民道德素养的重要抓手。

品格包括政治思想、人文和专业精神。品格教育的目的不是传授品格知识和解读品格概念，而是要培养个体具备良好的品格，使良好的品格能在完成每件具体工作任务的行为中得以充分展现。高职教育中的品格教育直接与技术技能活动密切关联，影响个体发挥技术技能水平的效果，影响所培养人才的全面发展和职业生涯的可持续发展。对于高等职业教育而言，品格教育更是重点指向"工匠精神"的培育。

在当今技术进步、产业转型升级日益加速的社会，品格教育所养成的"职业精神"或"工匠精神"的社会价值已大大超过了能力教育所培养的从事某类职业的能力。品格教育是职业核心素养培育的关键。在具体岗位的工作情境中，获得完成当前工作所需相关的人文、专业精神，是基于职业伦理和审美素养的更高级的"职业能力"。

从个体成长的角度看，教育是教会个体做事做人的社会活动，能力的培养只是教个体学会如何做事，而品格的培养才是教个体如何做人、如何更好地做事，所以品格的培养对于个体长远发展具有更为重要的意义。

二、养成性

职业核心素养作为与职业世界相联系的个性品质的集合，完全是后天养成的结果，是职业世界对人的要求在个体身上的内化，不能通过简单的传授来培养。例如，我们不能期望学生阅读了一条用印刷体书写的信息"认真工作"，就能养成相应的职业核心素养。职业核心素养的获得是有条件的，是复杂的，是在与职业环境的相互作用中，通过模仿、反馈、慎思等多种方式逐渐获得的。

三、情境性

素养体现出个体在特定情境中的行为特点，是个体与其周边情境交互作用的产物，重点指向行为过程中的表现，而不是行为结束后的结果。

其中，情境指包括各种抽象的社会文化关系和具体的物理环境在内的系统，它对个体的行为具有潜在的影响。行为是个体与情境互动的结果，在不同的情境中个体会表现出不同的行为特点。素养体现在个体活动的行为模式中，不同的行为体现出不同的素养。个体在不同情境中的行为表现不一样，体现出的素养也是不同的，因此个体只有在特定情境中才能充分展现出特定的素养，也只有在特定的情境中才能培育特定的素养。情境性是素养与生俱来的本质属性。

四、内隐性

著名的"冰山理论"指出，如果一个人的全部才能是一座冰山，浮在水面上的是他所拥有的资质、知识和技能，这些是显性素养。而潜在水面之下的部分是隐性素养，包括职业道德、职业意识和职业态度。

显性素养和隐性素养的总和就构成了一个人所具备的全部职业核心素养。职业核心素养既然有大部分潜伏在水底，就如同冰山有 7/8 存在于水底一样，正是这 7/8 的隐性素养部分，支撑了一个人的显性素养，所以一个人的隐性素养对一个人未来的职业发展至关重要，如下图所示。

"冰山理论"简介

职业核心素养的形成是螺旋递进的发展过程，每一个结果都是在上一轮发展基础上进行动态优化的活动过程中完成的，具有生成性。

职业核心素养按生成性分为累积型素养与跃迁型素养：累积型素养是指某种核心素养的形成是按阶段进行的，不是一蹴而就的，是需要不断发展与完善的核心素养；跃迁型素养是指应时代发展所需求的、以往没有的、被认识后新纳入学生发展体系的核心素养。

五、情感性

情感性指个体在解决问题过程中所需的人格和道德品质。问题的解决，首先需要个体筛选与问题相关的各种知识、技能、能力，然后有序地组合这些知识、技能、能力，并在头脑中形成解决问题的方案，最后在方案支持下付诸实际行动来解决问题。问题解决的过程所体现出的职业核心素养，是个体利用各种关系在更大范围内调动各种资源，在更深层次上的情感选择。

频繁跳槽　越跳越慌

俗话说：树挪死，人挪活。由此，不少白领跳槽时更显得理直气壮，跳槽也成了很多人面临工作困难、事业瓶颈时，一个最有面子的解脱方法。然而，一项研究表明：投身到岗位中去，对工作保持积极和认同的态度，不仅能提高效率，而且会让你越来越有激情，整体幸福感也会增加。相反，不断更换工作，会更容易对工作心生厌烦，出现职业倦怠。简而言之，频繁跳槽者工作也不开心。

凯文，男，33岁，创业中。

虽然我自己是老板，但说句心里话，还是创业早了点，如果能重来，我会选择再多打几年工，把人脉健全、建好后再创业，会比现在好很多！之所以成为现在这个样子，还是心态没摆好，干得不好就跳，跳了一家又一家，最后没路可走，就只好创业了。

我也算是名校毕业吧，机会不错，进了知名国企，现在回想起来，当时年轻气盛，跟领导搞不好关系，没干两年甩甩袖子就走了。换了外企，没有体制内的约束，干得挺开心，但精英太多，升职太难，五年了还是个小主管。好不容易我的上司跳槽走了，眼见这个位子非我莫属，公司却空降一个经理。我心里那个气呀！以前跳槽的上司说，不如到我这吧，给你一个经理位子！于是，我又一次跳槽了。

虽然给外人的感觉我是越跳越好，但我自己心里有数，手上的资源在流失，客户对我的信任度在下降，我的心态也越来越急躁……

跳槽跳到刀刃上

可可，女，28 岁，岗位：人事管理。

我做的是人力资源方面的工作，招聘时，领导都会很在意应聘者跳过几次槽，跳槽频率高不高。实际的工作经验也说明，频频跳槽者，再高的工资、再高的职务也留不住他们，这也许就是所谓的忠诚度不高吧。

要说工作不如意想跳槽，估计每个人都会有这种想法。我在以前那家公司工作第三年的时候，觉得我的领导简直不可理喻，每天只知道批评我们，从不为我们下属争取什么，心烦意乱的时候，也想过换个工作、换个环境。但真地动心思跳槽的时候，我冷静地、客观地想了想，觉得这位领导虽然总是批评我们，但他批评的都是对的呀，正因为他的批评，我们部门的办事效率是全公司最高的。更何况这位领导为人正直，从不使坏，所以也算不错了。

自我安慰一番后，我留了下来，心态也好多了。后来，一家猎头公司找到我，想让我跳槽去一家外企，我还去咨询这位领导的意见呢，他帮我分析形势，鼓励我跳槽。

如今，我在新公司的职务和原公司领导的职务是相当的，但我们关系一直都很好，有时还会共享一些资源，看来，这一跳，跳得很值。

本章实践活动

活动 1：频繁跳槽是否有利于职业发展

正方观点：频繁跳槽有利于职业发展

反方观点：频繁跳槽不利于职业发展

活动目标：通过辩论，帮助学生认清工作中脚踏实地对职业发展的重要性

活动内容：以辩论赛的形式充分调动学生的积极性和主动性

活动流程：

1. 立论阶段：正、反方一辩，开篇立论各 3 分钟。

2. 驳论阶段：正、反方二辩，互驳对方立论各 2 分钟。

3. 质辩环节：

（1）正方三辩提问反方一、二、四辩各一个问题，反方辩手分别应答。每次提问时间不得超过 15 秒，三个问题累计回答时间为 1 分 30 秒。

（2）反方三辩提问正方一、二、四辩各一个问题，正方辩手分别应答。每次提问时间不得超过 15 秒，三个问题累计回答时间为 1 分 30 秒。

（3）正方三辩质辩小结，1 分 30 秒。

（4）反方三辩质辩小结，1 分 30 秒。

4. 自由辩论。

5. 总结陈词：

（1）反方四辩总结陈词，3 分钟。

（2）正方四辩总结陈词，3 分钟。

活动 2：寻找自己身边踏实工作、学习的榜样

活动目标：通过活动，帮助学生认清日常学习、工作、生活中脚踏实地的重要性。

活动内容：以自己寻找踏实工作学习榜样的活动形式感悟踏实的重要性。

活动流程：

1. 每五个同学一组，组员选举组长。

2. 每组收集 2~3 个身边的案例，分析、讨论、发表感悟。

3. 制作 PPT，在班级分享讲述他们的故事。

4. 总结、分享。

第二章

美 育

学习目标

◎ 了解美育发展简史；

◎ 理解美育内涵及作用；

◎ 培养独立思考、创新思维、团结合作的能力。

微课

第一节　　美育发展简述

美育思想自古有之。在中国，最早提出美育思想的是孔子。孔子在《论语·泰伯》中提出"兴于诗，立于礼，成于乐"。在孔子看来，乐是造就一个完美人的最终环节，"乐以冶性，故能成性，成性亦修身也"。这里乐教与诗教即属于美育范畴。孔子的美育思想奠定了以"诗教""乐教"为中心的中国美育理论的基础。

近代王国维在《论教育之宗旨》中指出："美育者，一面使人之感情发达，以达成完美之域；一面又为德育与智育之手段，此又教育者所不可不留意也。"通过美育形成的道德品质深刻而稳定，对一个人的道德认识、道德情感、道德评价、道德行为起着主导作用。蔡元培在任教育总长之职时将美育列为教育方针的内容，在任北京大学校长之职时提出"以美育代宗教"的主张。

在西方，18世纪的德国哲学家和诗人席勒系统地论述了美育问题。他在《美育书简》中说："通过审美的心境，理性的自动性可在感性的领域中显现出来，感觉的力量在自身界限内已经丧失，自然的人已经高尚化，以致现在只要按自由的规律就能使自然的人发展成精神的人。"他认为美育是克服人性分裂的必由之路。

王国维

蔡元培

一分钟读懂《美育书简》

马克思在《1844 年经济学哲学手稿》等著作中明确提出：劳动创造了美，人也按照美的规律来建造，阐述了美的规律是人类劳动实践的规律之一。马克思把审美教育建立在社会变革的基础上，审美的教育不是一个空的、抽象的、玄的东西，而是和社会实践、社会变革连在一起的。

现阶段我国学校美育的实施基于马克思主义美育观，是马克思主义美育观的中国化，强调立德树人，强调人的精神状态，强调美育要同时代生活和现实紧密联系在一起，强调要同中华传统美育精神联系在一起。党的十八大报告明确提出将"立德树人"列为教育的根本任务，并提升到教育方针的高度。"立德树人"首次被确立为教育的根本任务。"德"字为先，把"立德树人"作为教育的根本任务，这抓住了育人问题的实质和核心，也是我国新时代一切育人工作的起点。教育事业不仅要传授知识、培养能力，还要把社会主义核心价值体系融入国民教育体系之中，引导学生树立正确的世界观、人生观、价值观和荣辱观，追求高尚的人生境界，最终"学以成人"。

美育在"培养什么人"方面承担着重要的时代使命，在新时代也具有明确的方向。在具体课程学习上，首要的是厘清美育的内涵，设定科学的课程体系和制定可行的践行路径。

第二节　美育的含义

"美"在党的十九大报告中出现了 26 次，充分说明了"美"应成为今后国家发展目标的重要组成部分，对美的追求也是社会发展到特定阶段转型的必然要求，审美也是个体自身发展、职业发展和生活幸福的目标追求。在此意义上，国家发展、社会转型和个体发展对审美的要求产生了交集。其中，高职教育把对学生职业核心素养的培养提高到美的高度，对国家发展、社会建设和个体发展具有特殊的意义和价值。因此，高职阶段的美育应从理论和实践两个维度着手解决问题。美育内涵的界定则是逻辑前提性问题。

本书对美育内涵的解释，包括以下几点内容。

一是美化教育。既重视美育作为独立的教育成分的作用，也重视美育的人文精神。从深层的人文精神建设层面展开，关心学生的生存和发展，既注重培养和发展学生的审美能力，又关注美育对学生的人文关怀；既秉承中国传统美学精神，又以新时期所提倡的培养人的全面发展为旨归，是对人的一种品德教育，也是实现审美和人文素养提高的教育。

二是立美教育。指运用自然、社会与精神中一切美的形态对于人的陶冶，达到人的身心美化，培养全面发展的人，包括审美鉴赏和立美实践两部分，是"按照美的规律培养人"的教育活动。从词意来看，审美主要是指浅层次的发现美、欣赏美、鉴别美等认识美的方面，但人类更为重要的是改变世界。因此，增加深层次的"立美"才可以将表达美和创造美纳入其中，使美育的内涵更为全面和确切。我们培养的人不仅要有发现美、理解美、欣赏美的意识和能力，还要有表现美、创造美的意识和能力。人们不但需要审美，更重要的还需要立美。因为"美远不止于审美，而是以人的践行为本，从而与宇宙协同共在的'天地之大美'"。

本书所指的美育内涵，是基于湖南省工科类高职院校技术技能人才培养的实际需要而提出来的。

在内容上，是包含中华传统美德，基于湖湘特色的人文精神、中华优秀文学作品、中华优秀艺术作品的人文美育，是以文化人的美育。

在形式上，是包含审美鉴赏和立美践行的以美立人的教育。

因此，这里的美育是职业核心素养美育。在新时代"立德树人"背景下，湖南省工科类高职院校通过挖掘中华传统美德、湖湘特色人文精神、中华优秀文学作品、中华优秀艺术作品中蕴含的职业核心素养美的内容，对学生开展职业核心素养审美鉴赏活动，使学生内在心灵得到净化、品德得到熏陶，从而提升对职业核心素养美的内在认知，再通过强化学生外在职业行为美的立美训练，最终实现学生职业核心素养美的以文化人、以美立人的教育目标。

朱光潜谈美语录摘抄

1. 在不美的岁月，依旧温和地坐在黑暗里，听叶落花开。美无形无迹，但是它伸展同情，扩充想象，深化对人情物理的深广认识。美的影响尽管微细，却蔓延无穷。

2. 我生平不怕呆人，也不怕聪明过度的人，只是对着没有趣味的人，要勉强同他说应酬话，真是觉得苦。

3. 世界上最快活的人是最能领略的人。所谓领略，就是能在生活中寻出趣味。

4. 一个人在学问上如果有浓厚的兴趣、精深的造诣，他会发现万事万物各有一个妙理在内。这种人的生活决不会干枯，他也决不会做出卑污下贱的事。

5. 问心的道德胜于问理的道德，情感的生活胜于理智的生活。生活是多方面的，我们不但要能够知（know），我们更要能够感（feel）。

6. 我们对于一棵古松的三种态度：实用的态度以善为最高目的，科学的态度以真为最高目的，美感的态度以美为最高目的。

（资料来源：摘自朱光潜《谈美书简》，人民文学出版社，2001 年）

《美育是感性教育、人格教育和创造教育》节选

我觉得从感性教育、人格教育和创造教育三个方面定义比较好。美育的基本意义是感性教育，即保护和提升与理性相协调的丰厚的感性，促进人的全面发展，这体现了美育概念的现代性；美育是培养整体人格的教育，感性发展有利于整体人格的健康成长。儒家主

张以深度体验的方式培养人格，使德行内在化，从而形成了悠久而丰富的美育思想传统；美育又是创造教育，激发生命活力，培养独创性和创造性直觉。

美育的这三层意义是有相互内在关联的。

这里提到的感性教育中的"感性"和中国传统文化非常"重视感性"之间是有一定差异的。感性教育是建立在席勒的美育观念基础上的，也就是他的现代性的概念，而中国传统文化中的"重视感性"是重体验、重直觉，两者还是不一样的。

随着研究的深入，到今天我觉得美育是中国的伟大传统。在古代中国，美育是修身的重要部分，修身就是教育，修身是中国人的人生哲学，这不是我说的，是钱穆说的。他说："中国人从古到今，都讲'修身'二字，这可说是中国人讲道，即人生哲学，一个共同观念。"中国人讲人生哲学的共同观念就是修身，修身主要是靠礼教、乐教，礼教是外在的，乐教是内在的，乐教是根本，乐教就是美育。在孔子整个教育体系里面，美育是根本，所以王国维讲，孔子育人"始于美育，终于美育"。

所谓"始于美育"，就是孔子讲"兴于诗"，而且还带领弟子玩"天然之美"，其目的就是"平日所以涵养其审美之情"。所谓"终于美育"就是"成于乐"，由此养成"无欲""纯粹"之"我"，进入"无希望，无恐怖，无内界之争斗，无利无害，无人无我，不随绳墨而自合于道德之法则"的境界。这种"礼乐教化"的传统随着时间的推移有所变化，但传统儒家对人格养成，却一直延续着重视从感性入手、注重情感体验、实现教养内化的原则。所谓"潜移默化""陶冶性情""怡情养性"等，都是不脱离感性、不断深化感性、持续提升生命境界的教化方法。这个原则和方法植根于一种信念，那就是人格教育的内在性。这种以感性的方式使教化深入人心，使之内在化，形成了中国传统教育的十分重要而独特的思想和实践，而这种思想和实践在一定程度上是美育的。

同时我们也要认识到，中华传统美育主要关注道德人格的养成，现代美育观则指向人的全面发展。我们今天弘扬中华美育精神，要把关注道德拓展为人文素养全面养成，加强人生观、价值观的渗透，加强人类优秀文化的熏陶，这一点对今天的中国来讲尤为需要。还有一点，在当代公民社会，学生的社会性发展非常重要，包括他的沟通能力、交流能力、理解能力，艺术是人与人之间增强理解非常好的办法。

（资料来源：摘自杜卫《中华美育精神访谈录》，北京大学出版社，2019 年）

第三节　美育的主要作用

从教育理论上讲，发展是不能给予或传播给人的，必须借助受教育个体自己内部的活动和智慧及其本质力量来获得。美育的基本作用就是指导和促进每个人的智慧得以发挥和发展，并且在永不满足、不断构建中把自己推向更文明的人生境界。这是因为，美育本身就是属于不断被创造、被发展的动态存在。培养学生对美的追求，不仅是对创造性成果的感受，更是创造性活动本身。美育的过程就是高级情感（道德感、理智感、美感）的自我发展、自我实现。美育的境界就在于当美的需要得到满足而带来享受和愉悦时，享受者正在生产、创造着美。这正是美育对人的可持续发展的重要作用。

美育的作用，在于使学生的情感得到陶冶，思想得到净化，品格得到完善，从而在职业活动中身心得到和谐发展，精神境界得到升华，自身素养得到美化，具体意义包括以下四点。

一、以美辅德，净化道德认识

美育是道德教育的情感基础，又是实现道德完善的有效手段。因为，一切道德规范，只有当它成为人们内心的信仰和要求时，才能在实践中付诸行动。也就是说，人们心甘情愿地这样做。这就是一个情感基础问题，正如孔子所说："知之者不如好之者，好之者不如乐之者。"一个完美的人应该是内在美和外在美的和谐统一，但内在美起主导作用。

教育学生热爱美好的事物，憎恨丑恶的事物，事实上也是对学生进行思想道德教育。引导学生对文学艺术作品人物形象的美丑进行鉴别和评价，往往也是引导他们对道德善恶进行评判。让学生在文学艺术中识别真善美和假恶丑，正确地对待现实生活，提高生活乐趣。

在对学生进行审美教育的同时，也进行了品德教育，培养他们的高尚人格，使道德认识得到升华。

二、以美启智，培育创造性思维

美育对智育有着重要的促进作用，它可以开发人的智力，培养学生敏锐的观察力、深刻的感知力、丰富的想象力和巧妙的创造力。在欣赏各类艺术作品的过程中，可以引导学生认真观察事物的异同、发现事物的变化、掌握事物的特点，培养学生的注意力、观察力和对新事物的感知力。这些能力对学习有关图形、模型等专业课及今后的职业生涯都有很大的益处。美育对想象力的培养更起着重要的作用，对学生左右大脑的全面发展有着良好的促进作用。

蔡元培先生说："没有美育，那么所谓的科学也不过依样画葫芦，绝没有创造精神。"美育能培养学习兴趣，完善认识结构，增长知识，开发智力。美的事物都有规律性的特点，它能促进和调解智力因素与非智力因素的和谐发展，引导学生去掌握、发现客观规律，训练学生思维，激发学习兴趣，充分发挥学生的想象力和创造力，为将来的创新活动奠定基础。

三、以美促劳，提升劳动美体验

随着社会发展和人们生活水平不断提高，不仅产品设计要凸显实用性、功能齐全，满足人的认知和审美精神需要也越来越受到重视。食品不仅要求味美果腹，而且要求形色美观；衣服不仅要求合体舒服，而且要求款式新颖，显示出人的风度仪态；交通工具的造型要显得便捷快速；日用产品要显得优美轻便；甚至连产品的包装、商标都要具有审美价值。在当代，无论是精神产品的构思、雕琢，还是物质产品的设计、工艺，都需要具有审美能力的人提供创造性劳动。具有较高审美价值的产品生产离不开审美的个体，因此，"按照美的规律来建造"应以培养"美的人"为前提，而美育正是应对未来生产变革的重要举措。

美育不仅能够使个体的姿态、动作、技能等方面的审美化塑造成为可能，而且还能促进这些方面审美化塑造的实现。在中国古代思想家庄子的《庖丁解牛》一文中，庖丁出神入化的"解牛"过程实际上已经"由技入道"。劳动不再是辛苦的，而是快乐的。也就是说，在劳动过程中，通过对劳动中劳动技术的体验、创新，对劳动成果的创造和欣赏，尤其是对劳动美的感知、体悟和创造，劳动者获得了自我对象化的主体性认知，劳动真正成为马克思所谓的"人的本质力量的对象化"，从而获得了真正意义上的人的自由。

四、以美育美，塑造崇高的人格

美育之所以具有塑造崇高人格的巨大作用，是由于美育具有完整性与和谐性的特点，它以直观形象的丰富性培育着人有机的、整体的反应能力，使人的心灵在形式感受、意义领悟和价值体验中达到一种和谐而自由的状态，从而塑造高尚的人格。

美育就是这样，以美的事物及其形象，作用于人的感官，内化于人的心灵，美化于人的人格，完善人的个性品质，平衡人的心理发展。美育的这一功能，是其他学科所无法做到的，也是其他学科无法替代的。

意象与情趣的契合

诗的境界是情景的契合。宇宙中事事物物常在变动发展中，无绝对相同的情趣，亦无绝对相同的景象。情景相生，所以诗的境界是创造来的，生生不息的。以"景"为天生自在，俯拾即得，对于人人都是一成不变的，这是常识的错误。

阿米尔说得好："一片自然风景就是一种心情。"景是个人性格和情趣的返照。情趣不同则景象虽似同而实不同。比如陶潜在"悠然见南山"时，杜甫在见到"造化钟神秀，阴阳割昏晓"时，李白在觉得"相看两不厌，唯有敬亭山"时，辛弃疾在想到"我见青山多妩媚，青山见我应如是"时，姜夔在见到"数峰清苦，商略黄昏雨"时，都见到山的美。在表面上意（景）象虽似都是山，在实际上却因所贯注的情感不同，各是一种境界。我们可以说，每个人所到的世界都是他自己所创造的。物的意蕴深浅与人的性分情趣深浅成正比例，深人所见于物者亦深，浅人所见于物者亦浅。

（资料来源：朱光潜《诗论》，生活·读书·新知三联书店，1984 年）

朱光潜：所谓美好就是摆脱功利心

有几件事实我觉得很有趣味，不知道你有同感没有？

我的寓所后面有一条小河通莱茵河。我在晚间常到那里散步一次，走成了习惯，总是沿东岸去，过桥沿西岸回来。走东岸时，我觉得西岸的景物比东岸的美；走西岸时恰恰相反，东岸的景物又比西岸的美。但是它们又都不如河里的倒影美。

同是一棵树，看它的正身极为平凡，看它的倒影却带有几分另一世界的色彩。我平时又欢喜看烟雾朦胧的远树，大雪笼盖的世界和更深夜静的月景。本来是习见不以为奇的东西，让雾、雪、月盖上一层白纱，便见得很美丽。

北方人初看到西湖，平原人初看到峨眉，即使是审美力欠缺的村夫，也惊讶它们的奇景；但生长在西湖或峨眉周边的人除以居近名胜自豪以外，心里往往觉得西湖或峨眉实在也不过如此。新奇的地方都比熟悉的地方美，东方人初到西方，或是西方人初到东方，都往往觉得面前景物件件值得玩味。本地人自以为不合时尚的服装和举动，在外地人来看，却往往有一种美的意味。

古董癖也是很奇怪的。一个周朝的铜鼎，或是一个汉朝的瓦瓶，在当时也不过是盛酒、盛肉的日常用具，在现在却变成很稀有的艺术品。固然有些好古董的人是贪它值钱，但是觉得古董实在可玩味的人却不少。

我到外国人家去时，主人常欢喜拿一点中国东西给我看。这总不外瓷罗汉、蟒袍、渔樵耕读图之类的装饰品，我看到每每觉得羞涩，而主人却诚心诚意地夸奖它们好看。

种田人常羡慕读书人，读书人也常羡慕种田人。竹篱瓜架旁的黄粱浊酒和朱门大厦中的山珍海鲜，旁观者所看出来的滋味，都比当局者亲口尝出来的好。读陶渊明的诗，我们常觉得农人的生活真是理想的生活，可是农人自己在烈日寒风之中耕作时所尝到的况味，绝不似陶渊明所描写的那样闲逸。

这些经验你一定也注意到了。它们是什么缘故呢？

这全是观点和态度的差别。看倒影，看过去，看旁人的境遇；看稀奇的景物，都好比站在陆地上远看海雾，不受实际的切身的利害牵绊，能安闲自在地玩味目前美妙的景致。

看正身，看现在，看自己的境遇，看习见的景物，都好比乘海船遇着海雾，只知它妨碍呼吸，只嫌它耽误程期，预兆危险，没有心思去玩味它的美妙。持实用的态度看事物，它们都只是实际生活的工具或障碍物，都只能引起欲念或嫌恶。

要见出事物本身的美，我们一定要从实用世界跳开，以"无所为而为"的精神欣赏它们本身的形象。总而言之，美和实际人生有一个距离，要见出事物本身的美，须把它摆在适当的距离之外去看。

再就上面的实例说，树的倒影何以比正身美呢？它的正身是实用世界中的一片段，它和人发生过许多实用的关系。人一看见它，不免想到它在实用上的意义，发生许多实际生活的联想。它是避风息凉的或是架屋烧火的东西。在散步时我们没有这些需要，所以就觉得它没有趣味。

倒影是隔着一个世界的，是幻境的，是与实际人生无直接关联的。我们一看到它，就立刻注意到它的轮廓线纹和颜色，好比看一幅图画一样。这是形象的直觉，所以是美感的经验。

总而言之，正身和实际人生没有距离，倒影和实际人生有距离，美的差别即起于此。

同理，游历新境时最容易见出事物的美。习见的环境都已变成实用的工具。比如我久住在一个城市里面，出门看见一条街就想到朝某方向走是某家酒店，朝某方向走是某家银行；看见了一座房子就想到它是某个朋友的住宅，或是某个总长的衙门。

这样的"由盘而之钟"，我的注意力就迁到旁的事物上去，不能专心致志地看这条街，或是这座房子究竟像个什么样子。

在崭新的环境中，我还没有认识事物的实用的意义，事物还没有变成实用的工具，一条街还只是一条街，而不是到某银行或某酒店的指路标，一座房子还只是某颜色某线形的组合，而不是私家住宅或总长衙门，所以我能见出它们本身的美。

花长在园里何尝不可以供欣赏？他们却欢喜把它摘下来，挂在自己的襟上或是插在自己的瓶里。一个海边的农夫逢人称赞他门前的海景时，便很羞涩地回过头来指着屋后的一园菜说："门前虽没有什么可看的，屋后的一园菜却还不差。"

许多人如果不知道周鼎汉瓶是很值钱的古董，我相信他们宁愿要一个不易打烂的铁锅或瓷罐，也不愿要那些不能煮饭藏菜的废铜破瓦。这些人都是不能在艺术品或自然美，和实际人生之中维持一种适当的距离。

艺术家和审美者的本领，就在能不让屋后的一园菜压倒门前的海景；不拿盛酒盛菜的标准，去估定周鼎汉瓶的价值；不把一条街，当作到某酒店和某银行去的指路标。他们能跳开利害的圈套，只聚精会神地观赏事物本身的形象。他们知道，在美的事物和实际人生之中，维持一种适当的距离。

（资料来源：《朱光潜美学文集第一卷》，微信公众号《美在高处》）

❲本章实践活动❳

课外阅读王国维的《人间词话》

背景： 王国维先生提出过人生三境界说，第一重境界是"昨夜西风凋碧树，独上高楼，望尽天涯路"，出自晏殊的《蝶恋花·槛菊愁烟兰泣露》，这是甘于寂寞。第二重境界是"衣带渐宽终不悔，为伊消得人憔悴"，出自柳永的《蝶恋花·伫倚危楼风细细》，这是坚守理想。第三重境界是"众里寻他千百度。蓦然回首，那人却在，灯火阑珊处"，出自辛弃疾的《青玉案·元夕》，这是豁然开朗。这三重境界越来越高。王国维分别引用了三首词中的名句来比喻成大事业、大学问者，必须经历三个阶段。他认为大事业、大学问不可一蹴而就，须循序渐进经过长期的探索。

1. 课堂分组讨论。

2. 如何理解王国维的"三重"人生境界？

第三章
职业核心素养与美育

学习目标

◎ 了解职业核心素养与美育的主要功能、主要途径；

◎ 掌握职业核心素养与美育的主要内容；

◎ 培养独立思考、创新思维、团结合作的能力。

微 课

第一节 职业核心素养与美育的主要功能

一、树立正确的职业价值观

审美是一种多元综合的整体性活动，它包括正确的审美观念、健康的审美情趣，针对自然美、社会美和艺术美等各种美的欣赏、评价和创造能力，以及人格精神等诸多方面，是人的一种精神活动，是体现在人格、情操、精神境界中的一种高层次的整体性活动。

审美与思想道德活动、智能活动、身心活动和劳动技术活动互相作用，构成了个人活动的整体结构。可见，审美本身就是完善人格的组成部分。人格的心理结构包括三种：认知结构、伦理结构和审美结构。审美对心理人格的完善，关键在于构建完善的审美心理结构，这种结构主要包括正确的审美价值观、完善的审美认知结构和丰富的审美情感。

审美价值观是个体审美心理结构的核心，是个体根据自己审美需要对事物美丑做出评价的观念系统，它对个人自身的审美行为具有十分重要的影响。个体之所以认为某事物是美的或丑的，主要取决于其审美价值观，审美价值观也是审美观念的集中体现。

审美认知结构主要负责审美的信息加工过程，其主要构成包括五个方面：审美认知器、审美认知策略（审美认知技能）、特殊审美认知能力、相关的审美知识（独特的审美经验）、审美的元认知成分。一个人如果能在正确的审美观念指导下，广泛参与自然美、社会美、艺术美的欣赏活动，积极尝试各种美的创造，并按照美的规律来美化自身，不断提高自身审美、创造美的能力，必然会使自己逐渐拥有"能聆听音乐美的耳朵，能欣赏形式美的眼睛"，从而对自身的审美认知结构产生系统、深刻的影响，更好地发展和完善个体的审美认知结构。

审美情感是审美心理中最活跃的因素，它是个体发现美、欣赏美、表达美和创造美的基础。马克思曾这样高度评价情感在人格结构中的作用："人作为对象性的、感性的存在物，是一个受动的存在物，因为它感到自己是受动的，所以是一个有激情的存在物。激情、热情是人强烈追求自己的对象的本质力量。"

审美活动总是与情感密切相连的，情感是审美活动的生命。如果把审美活动比作一条鱼，那么，情感就是供鱼儿畅游的水域。审美越高，情感的"水域"就越辽阔。情感体现了审美主体与审美客体的和谐融洽，审美主体在与对象世界的交互作用中，通过美的感染，陶冶性情，摒弃俗念，使审美情感越发纯洁、丰富和炽烈，从而使心灵得到净化，人格趋于完善。

总之，审美集中表现为对美的欣赏、评价和创造能力，即审美能力。具有正确的审美观念和较高审美能力的人，能在感知、想象、情感、理解等多种美感要素的运作中，迅速发现、区分美丑及其程度，通过审美对象领悟人生的真谛。在美的世界里徜徉，还能让人领略新的人生乐趣，产生更高的人生追求，使人们懂得除了有形的物质幸福，还有更高的精神文化价值。美育在提高审美价值观的过程中帮助学生树立正确的职业价值观，合理区分和确认职业生涯中真正具备高层次职业美的价值之所在。

二、促进良好的职业道德

席勒说：教养的最重要任务之一就是使人在其纯粹自然状态的生活中也受到形式的支配，使其在美的王国所涉及的领域里成为审美的人。因为道德的人只能从审美的人发展而来，不能在自然状态中产生。席勒在此集中概括了审美与道德人格完善的密切关系。良好的审美对人们确立正确的道德观，培养健康高尚的情感、正直诚实的美德和团结协作的团队精神等都有着特别重要的意义。

审美的一个重要方面是审美情趣，它是审美主体在美的欣赏和评价中所表现出的一种特殊判断力。健康、纯正、高尚、全面的审美情趣具体表现为对美的事物和现象的敏感和喜爱，对一切真善美的关注和倾心。这样的审美情趣，有利于集众美于一身，使人的道德情操得到陶冶和净化。

审美对道德情感的影响突出体现在爱心的养成上。在审美活动中，能使人们了解美好事物的不可重复性、独特性，懂得美好事物对生活的意义，使人产生珍惜和爱的情感。人们在审美活动中，将自己最善良、最美好的情感，其中包括最主要的爱的情感，都赋予对象。因此，审美是人类爱心培养的主要方式之一。人们在深切体验和感受艺术美、社会美和自然美的过程中，培养出爱自己、爱他人、爱国家的情感，学会爱自然、爱社会、爱生活。而道德情感作为一种动力因素，又将社会道德的他律转化为个体内心的道德自律，推动人们把道德认识转化为道德行为，形成道德习惯，不断迈向更高的道德境界，从而帮助学生形成良好的职业道德。

人是生活在群体之中的，与人为善、顾全大局、敬业乐群的团队精神也是当代社会道德人格的重要内容。审美对于这种精神的形成也具有独特的作用。

首先，拥有较高审美的人，能够主动、充分地使其感性和理性、情感和理智得以协调，能以审美的态度对待人生，与人为善，对细微小事不斤斤计较，便于营造和谐融洽的人际关系。同时，审美活动的重要特征之一是具有娱乐性，置身于娱乐性的审美活动中，令人感到轻松愉快，没有相互猜忌，也没有激烈的功利竞争意识，人们相互间比较轻松、和谐地友好相处；其次，通过美感共鸣可以增强群体的凝聚力。在平常激烈的竞争中，个体间容易形成紧张的人际关系，并由此产生互不合作、各自为政的"一盘散沙"式的局面。在共同的审美活动中，人们体会到共同的审美情感，势必增强相互之间的思想与情感交流，获得更多的共同话题和情感体验，从而增强群体的凝聚力，促使人们为了集体事业而努力拼搏，有利于敬业爱岗、无私奉献、集体主义、团队精神等宝贵品德的形成与强化。

可见，审美对于道德的塑造能起到多方面的促进作用，正如苏霍姆林斯基所说："美是一种心灵的体操，它使我们精神正直、良心纯洁、情感和信念端正。"道德的最终完善，其根本标志正是审美人格的实现，因为审美本身就是体现在人的整个人格、情操、精神境界中的一种高素质。

三、激发自我实现的职业精神

审美的心理活动，就过程而言，最突出的是直觉、想象、体验；就结果而言，是主体生命潜能的充分唤醒和激活，即自我实现。

1. 直觉

直觉的特征包括非自觉性，即主体对事物不是经过思索过后再判定其美的，而是知其然而不知其所以然地感到美并产生快乐。

2. 想象

想象的要素有三：一是表象。表象是外部形象在主体心灵的留存和复现。无论是听觉表象还是视觉表象，都不曾摆脱相应外部形象的丰富性、可感性、生动性。正如逻辑思维全过程就像抽象概念的操作过程一样，审美活动的想象过程是表象的运动过程。因而，想象过程一直保持着表象的丰富性、可感性、生动性。二是相当于逻辑思维中概念的运动操作形成判断、推理。在想象过程中，表象进行着两种运动操作，一种是贮存于无意识的沉睡状态的复活，如"妈妈"一词唤醒了沉睡于遥远记忆中的妈妈的表象，另一种是此表象与彼表象重新组合而形成全新的艺术形象，如人的表象与猴的表象组合而成孙悟空的形象。三是相当于概念的运动操作必须遵循理性逻辑，表象的组合必须遵循情感逻辑，因而表现为随心所欲。由于这三个方面，审美想象具有极大的主观性、能动性和创造性。

3. 体验

体验就是主体心灵与对象的完全契合。一是主体必须完全摒除任何意欲的干扰，化解和消释意识中的自我，"自失""忘我"地生息于对象之中，以天合天，身与竹化；二是主体心理机能与对象构成要素的紧密对应：对象的感性特征只能为主体的感知力所接受，其深层意蕴只能为主体的理解力所领悟，其形式结构只能为主体情绪所感受，任何主体都不能在对象上发现自身内部生命所没有的东西。主体与对象之间的这种对应、同构，意味着在对象上所感受到的其实正是主体内心世界情感的形式、生命的律动，这是一种自我发现、自我确认，先前的"自失"导致了此时的"自得"——由乐曲听出哀伤，由白云体会潇洒，由柳丝感受柔情，莫不如此。

由上述对直觉、想象、体验的分析可知，审美活动中主体对对象的观赏、感受、领悟，其实正是对自我本质的发现，它让自我的生命潜能由无意识的沉睡状态而被唤醒、激活。如果说作为审美活动，无论是欣赏还是创作，都创造出一个全新的审美对象，那么与此同时，主体内在生命中沉睡的被唤醒，潜藏的被激活，与对象相应的主体机能得以充分展现。从而，主体得以在他所创造的世界中直观自身，在对象上感受被审美活动所唤醒和激活了的自我本质。

这正是审美活动激发自我、实现欲望的深层机制，体现在高职学生职业核心素养上，即是其职业生涯中追求自我、实现职业精神的体现。

追求真善美的融合价值

——中国特色社会主义美学的显著特征（节选）

中国特色社会主义美学，坚持以马克思主义美学理论为指导，以社会主义核心价值观为引领，实现"向内求善"与"向外求真"的有机结合。

继承和弘扬中国传统"向内求善"的伦理型美学精神。中国传统美学是一种"向内求善"的伦理型美学思想，注重把美与善联系起来。老子倡导"道法自然"，因此认为"信言不美，美言不信"。孔子主张"里仁为美"，即接近仁就是美。荀子认为"不全不粹之不足以为美"。孟子说"充实之谓美"，把美与事物或观念的合目的性联系在一起，形成了中国传统美学的"比德说"。它将自然事物的美比作人类的道德，如玉之美，在于其温润圆通的素质；竹之美，在于它"千磨万击还坚劲，任尔东西南北风"的坚定品格和情操；梅花之美，在于其不畏苦寒和耐得住寂寞的坚韧和高洁品质；菊花之美，在于它淡泊宁静和悠闲自得的风范等。这些思想观点对中国特色社会主义美学有重要启示意义。

合理吸收和借鉴西方"向外求真"的科学型美学精神。西方传统美学是一种"向外求真"的科学型美学思想，强调美和审美及艺术的真实性，即合规律性或科学性。从古希腊时代起，毕达哥拉斯提出"美是数的和谐"，到柏拉图提出"美是理念"，再到亚里士多德提出"美是依靠大小、比例、秩序安排的有机整体"，基本上是以事物或观念的合规律性作为美的本质。文艺复兴晚期，西方美学在笛卡尔"我思故我在"的启发下发生了"认识论转向"。被誉为西方美学之父的鲍姆加登认为："美是感性认识的完善"，康德认为"美是形式的主观合目的性"，席勒认为"美是现象中的自由"和"美是活的形象"，黑格尔也认为"美是理念的感性显现"。大多数西方美学家均把美与合规律性联系起来。就是 20 世纪的海德格尔，也把美规定为"置入艺术之中的真"。

（资料来源：张弓，张玉能《人民日报》，2015 年 5 月）

第二节　职业核心素养与美育的主要途径

职业教育的终极目标是打造真正具有职业意义的教育，它作为教育的一种类型，首先应符合教育的基本规律，即教育应适应并促进社会和个体发展。具体来说，职业教育的终极目标是培养真善美相统一、具有完满职业人格的职业人，即完满职业人。完满职业人应具有的综合职业能力主要包括基本学术能力、岗位技术能力和高级职业能力，其中高级职业能力是个体应对现代发达社会中复杂多变的职业世界所必需的、通往真善美的高层次职业能力，它还包括职业伦理和职业审美素养。

在马斯洛看来，审美不仅是人的内在需求，还是人最高层次的需求。真、善、美是人们进行实践活动的三个尺度，这需要通过相应的教育来实现，应将真、善、美纳入职业教育培养目标。但在目前的职业教育中，技能培训和道德教育各自具有明确的目标和实施路径，而美育则近乎荒芜的贫弱。

职业审美素养是个体走向职业成功的必备要素。美能够在更高层次上实现真与善的统一，具体到职业教育中，审美素养能为职业技能的获得和提升、创造力和判断力的养成奠定"美"的基础，还能通过"以美储善"带动个体道德水平的进步，并促进职业人形成"美的人际关系"。审美有助于提升人生境界，将生活世界视为感觉美、鉴赏美、创造美的活动场所，使个体能超越现实世界的羁绊，实现"诗意的栖居"。

新时代高等职业教育的根本目标是要坚持育人为本，德育为先，把立德树人作为根本任务，培养全面健康和谐发展的高素质技能人才。而高素质技能人才的首要标志并不仅是知识量的多少与知识面的宽窄，而是人格发展上的和谐与否。从职业发展角度来看，最终表现是高职毕业生在今后职业生涯中是否具有可持续发展的关键能力和必备品格，即职业核心素养。美育在高职学生人格塑造过程中具有"不可替代性"，它指向理想的人格塑造，并在培养高职学生理想人格过程中起到举足轻重的作用。

一、渗透人文教育 促进职业追求

一个国家、一个民族不能没有灵魂。2019 年 3 月，教育部办公厅、文化和旅游部办公厅、财政部办公厅在《关于开展 2019 年高雅艺术进校园活动的通知》中指出，要让广大青年学生在艺术学习的过程中了解中华文化变迁，触摸中华文化脉络，汲取中华文化艺术的精髓，提高审美和人文素养，塑造美好。

美育是一种人文教育，面对的是人的精神和文化世界，发展美育在于使学生认识美、感受美、热爱美、创造美进而传播美，从而塑造美好心灵、培养健全人格、促进人的全面发展。美育要求我们不能仅停留在知识和技能的传授上，还要引导学生追求人生的意义和社会的价值，引导和培养学生的信念、情怀和担当。这要求我们要注重人文内涵，使学生更富有活力、创造力、进取精神，更具有开阔的胸襟和眼界，更致力追求健康的人格和高远的精神境界。同时，美育有益于调节人的心情，有益于人的身心健康，也有益于激发人积极进取的精神。审美教育包含理想教育，它是人们追求进步和发展的动力。理想是奠定在当下基础上的，想象力也是基于现实的。同时，理想又是不断向前拓展的。

偏重于知识灌输、技能训练的教育，有时忽视心灵教化和人格培养，不太注重引导青年去寻求人生意义和价值。如果古典、人文、艺术等课程得不到足够重视，人的创造力、想象力就会被压抑，人的同情心、道德感、审美感就难以得到启迪。这样的教育很难培养杰出的、拔尖的人才。恩格斯曾提出"巨人"概念，首先说"思维能力"，接着说"热情和性格"，最后说"多才多艺和学识渊博"，这就使我们的眼光从专业知识和技能的遮蔽中解放出来。

从专业知识和技能来说，美育、艺术教育、人文教育好像没有直接作用，但从思维能力、性格及多才多艺和学识渊博方面来说，这正是美育、艺术教育和人文教育的独特功能。这类教育作为普及教育和素质教育，为培养时代所需的人才提供精神、性格、胸襟、学养等方面的营养，正是在这种普及的人文艺术教育和科学教育的基础上，才有可能培养出时代所需要的工匠、巨匠。高职学生不能只局限于专业知识和技能的学习，还要具有高远的精神追求和职业追求。

二、渗透艺术教育　提升职业审美

随着社会经济的发展，商品的文化价值、审美价值逐渐超过了其使用价值而成为主导价值。因此，改进商品的设计，增加商品的文化底蕴，提高商品的审美趣味和格调，就成了经济发展的大问题。职业教育与普通高等教育培养目标的不同在于，职业教育培养的是高级技术应用型人才，这种人才不仅要具有一定的专业技能，还要具有一定的审美素养。因此，在培养高职学生职业技能的劳动实践过程中，应以美学的原理为指导，运用美学的一般法则，精心设计和实施，才能创造出造型优美的"产品"。这不仅给广大的高职学生以美的愉悦感和美的成就感，而且让他们在献身于创造美的劳动时，增强了其就业竞争力，从而可以更好地为社会服务。

美育通过提高人的审美能力，使人获得更丰富的精神陶冶。人有智商和情商之分，如果智商得不到及时且合理的开发，就会不利于人的智力发展。每个人的智力都有潜能，需要开发。情商也是如此，需要开发和培育，这就需要美育。在天赋的层面上，人的情商有高低，想象力有强弱，实施美育对于人的综合能力培养和人的全面发展起到重要作用。

美育在调节人的身心方面有自己的特点。美育通过感性形象愉悦人，满足人们的感性要求。艺术将永久存在，人的感性欲求必须得到满足，情感必须得到丰富和升华。我们不能把感性和理性对立起来，而应通过感性的满足使人格完善，使爱美的天性获得满足。美育也有助于人的情感和创造力的激发，有助于人的想象力的培养，使人获得感性的解放、情感的解放、个性的解放，最终促进人个性的充分发展和人格的完善。个体情感的贫乏、创造力的不足、智力乃至总体能力不足，都可通过美育得以改善。

审美活动作为一种广义的美育，能提升主体的感悟、鉴赏和判断能力，并且能激发人的创造力。广义的美育和狭义的美育一起，共同推动人生境界的提升。因此，审美是更高层次的追求，是人的全面发展不可或缺的重要方式和途径。审美活动的过程，就是自我建构的过程。在马斯洛所说的需求层次中，审美教育满足了人们高层次需求，美育使人真正达到自我价值的实现。在人生境界的最高层次上，真善美是高度统一的。

三、渗透经典教育 提升职业品格

经典教育指传统文化经典、传统文学经典和传统艺术经典教育。经典教育可从多方面提高人的文化素质和文化品格，其意义最终归结为一点：引导人们具有一种高远的精神追求，提升人生境界。我国古代思想家强调，一个人不仅要注重扩充自己的知识和技能，更重要的是要注重拓宽自己的胸襟，涵养自己的气象，提升自己的人生境界，也就是要去追求一种更有意义、更有价值、更有情趣的人生，这一思想对提升高职学生的职业品格有着现实意义。

中华传统美育十分重视遵循教育规律。例如，中国古代思想家强调，青少年时期是一个人的生长、发育时期，一定要使他们自由、活泼地生长，蓬勃向上。明代哲学家王阳明说："大抵童子之情，乐嬉游而惮拘检，如草木之始萌芽，舒畅之则条达，摧挠之则衰痿。今教童子，必使其趋向鼓舞，中心喜悦，则其进自不能已。譬之时雨春风，霑被卉木，莫不萌动发越，自然日长月化；若冰霜剥落，则生意萧索，日就枯槁矣。"这段话讲的就是教育规律。

从文化传承、文化育人的角度看，文化经典、艺术经典可以引导高职学生寻找人生意义，追求更高、更深、更远的境界，从而更好地培养他们的职业品格。我们要创造条件，让他们更多地接触传统文化经典，学习中华文化经典。文化传承离不开经典，人类文明发展离不开经典。梅林在《马克思传》中引用拉法格的话说，"马克思每年要把埃斯库罗斯的原著读一遍"，"而他恨不得把当时那些教唆工人去反对古典文化的卑鄙小人挥鞭赶出学术的殿堂"。这是马克思主义创始人给我们留下的重要思想原则和文化传统。我们的学校教育要遵循这个原则，继承这个传统。

我们要下功夫培育学校的文化氛围、学术氛围、艺术氛围，使学生们在浓郁氛围中热爱经典，亲近经典，学习经典。中国历史上这些辉煌的文化经典、艺术经典，可以拓宽高职学生的胸襟，培养他们高尚的趣味和格调，使他们从更深层次感受人生的美，使他们增加对人生的爱，使他们产生感恩的心，从而激励他们追求一种更有意义、更有价值和更有情趣的人生。

职业人文教育

高等职业院校人文教育的特色在于其职业性，它不同于那种"通识形态"或"一般形态"的人文教育，而是一种"职业形态"或"特殊形态"的人文教育，可称之为"职业人文教育"。

高等职业教育的根本就是让学生既学会做人，又学会做事，既具备高技能素养，又具备高人文素养，并在整个职业生涯中不断完善和发展，实现个人价值和社会需要的统一。高等职业教育虽然强调的是职业能力的培养，但追求的却是人的全面发展，即使人的体力、智力、道德精神和审美情趣得到充分自由的发展和运用。

职业人文素养是职业能力持久发展的保障。当人们片面地认为生产能力主要是应用技术型人才操作层面上的能力时，就会忽视技术人才在认知、思维、情感、态度乃至价值观等方面的品质。科学技术的发展和劳动生产方式的变革，决定了现代应用技术型人才的素质结构不可能是单纯技能型的，事实上，大量技术应用型人才急需加强的是职业人文素质。爱因斯坦说过，科学研究中最可贵的因素是直觉。研究表明，人文思维是原创性思维的主要源泉。人文思维是开放的形象思维，是直觉，是顿悟，是灵感，是人所特有的，是任何智能机器人所无法具有的，也是人的灵性最重要的体现。爱因斯坦以他切身的体验深刻地论道：物理给我知识，艺术给我想象；知识是有限的，而艺术所开拓的想象力是无限的。可以说，没有人文思维，就没有原创性。

（资料来源：摘自高宝立《职业人文教育论——高等职业院校人文教育的特殊性分析》，《高等教育研究》，2007 年 5 月）

第三节　职业核心素养与美育的主要内容

美育的目的主要在于培养和提升高职学生的职业核心素养，为高职学生未来从事职业活动奠定良好的基础，因此，美育的主要内容是职业美。本书所讲的职业，从社会生活角度来看，是一种承担着生产任务或社会职能的社会化活动的总称。从日常生活的角度来讲，则是人们为了能够不断获得收入而连续从事的某种劳动。可见，职业既具有服务社会的功能，又可为个人的生活提供经济保障。因此，职业美具备社会美与人生美的双重内涵。

作为社会成员之一，每个人都应在这些形形色色、数以万计的职业岗位中占有一席之地，以自己的劳动和智慧造福人类，同时也实现自身的价值。

马克思曾经说过，"劳动创造了美"。职业是人类的一种主要劳动活动，也是创造美的重要因素。职业美的内容主要如下。

一、劳动认识之美

马克思曾说，"任何一个民族，如果停止了劳动，不用说一年，就是几个星期也要灭亡"。劳动创造了历史，劳动改变了世界，劳动让未来充满了希望。人生的绚丽和精彩都源于不断的工作及积极的创造。

人们从事一定的职业，一般出于如下目的，一是为了解决基本的生存问题，为了衣食住行等生活资料而劳动，这无疑是出于一种利益的目的；二是为了实现自己的理想，体现自己的人生价值，为社会做贡献，这无疑是一种很高的人生境界。当然，在很多时候，这两种目的可以合二为一，事实上很多人都属于这种情况。不管是哪种情况，只要一个人从事的是正当的职业，我们都是赞赏的。为了生活资料而进行劳动，可以养活自己和家人，具有善的合目的性；为了实现自我价值而进行劳动，则会充分发挥人的自由精神，无疑是一种美的创造活动。

一个人只要用自己的辛勤劳动创造出了财富，不管其最初的目的是什么，他都为社会的发展做出了自己的贡献，因而都是美好的。同时，劳动不仅能给人带来经济利益，而且对于一个人的身心健康也具有重要的意义和作用。劳动着的人往往会有踏踏实实的充实感和充满自豪的成就感等健康的心态，这对于一个人建立和保持积极的人生态度、感悟美好生活都具有重要意义。

二、劳动过程之美

有些工作需要人们一丝不苟、按图索骥地去完成，如生产一些有一定形状、尺寸要求的机械配件等，这类工作给人一种精细严谨之美；有些工作则没有硬性的要求，完全是一种自由创造，如艺术家、自由撰稿人、服装设计师等所做的工作尽显自由创造之美。无论是精细严谨还是自由创造，都有其劳动过程之美。

在劳动过程中，人们往往还可体会到团结协作之美。很多工作，需要一个团队来分工协作，而非个人能够完成。这就需要成员有一种合作精神，如此一来，在职业生涯中，就会收获很多志同道合的伙伴，大家团结协作，其乐融融，尽显人际关系之美。但如若有人无视他人的存在，时时刻刻只想着自己，缺乏合作共事精神，那么就会破坏应有的和谐关系，工作可能就无法顺利开展，最终的结果只能是这位无法与人共事的成员被淘汰出局。所以，如果我们的工作需要一个团队来共同完成，那么就一定要注意与他人的团结协作，只有这样，才能不仅会把自己的工作做好，还能收获美好的工作友谊。

三、劳动成果之美

人们往往按照美的规律来劳动，因而千百年来，几乎所有劳动产品都逐渐被艺术化、审美化了。人们在创造出第一件用品时，如原始人用泥土制成一个陶罐，往往是粗糙的、朴素的、不加修饰的，但当满足了最初的使用价值之后，他们便开始在陶罐上雕刻一些美丽的花纹，如最常见的鱼形纹等，以增加视觉效果，使人产生赏心悦目之感。可见，当人们发明一件物品时，当满足使用需要时，人们常会以自己的创意把这一新的发明物制成一件件形态不一的、具有审美价值的"艺术品"。日常生活中我们的一些必需品，小到喝水的杯子，大到主房的装修，都是以人们的不同的审美眼光来进行设计创造的，以使其充满美感。因此，劳动成果之美，成为职业美的重要组成部分之一。

对于艺术性的职业，如雕塑家、画家、作家等，他们的劳动成果都因具备审美价值而更显劳动成果之美。

四、职业形象之美

不同的职业，从业者的形象往往各具特色，如果从业者的形象与其职业要求相吻合，则具有职业形象之美。这要求人们在着装发型、言谈举止、神态风采等方面仔细揣摩，做到与其职业相协调。如军人、警察等需要有一种着装整齐、雷厉风行之美，跟群众交流时又需亲切真诚；空姐需要有一种端庄优雅之美，对乘客又需温柔亲切等。如果职业形象错位或与自己的职业不符，如空姐变成了雷厉风行的军人作风，则会让人感觉很别扭，甚至让人难以忍受。所以，当我们从事一定的职业时，一定要注意自己的职业形象，使之尽显本职业与众不同的形象美。

追求真善美的融合价值
——中国特色社会主义美学的显著特征（节选）

马克思主义经典作家运用辩证唯物主义和历史唯物主义基本原理，建构了以实践观为基础的美学理论。这一美学理论，体现了真善美的有机融合。马克思主义美学理论认为，真是事物的合规律性，善是事物的合目的性，美则是事物合规律性与合目的性的辩证统一；真和善是美的基础，美是真和善的形象显现。诚如马克思、恩格斯所指出的，"劳动生产了美"，审美是"人在他所创造的对象世界中直观到自身""人也按照美的规律来构造"，美是"人的本质力量的对象化"，人类的社会实践造就了"有音乐感的耳朵、能感受形式美的眼睛"。马克思、恩格斯还把艺术规定为"社会意识形态的形式"，是一种特殊的精神生产，也是一种"实践—精神"的掌握世界的方式。

（资料来源：张弓，张玉能《人民日报》，2015 年 5 月 28 日）

本章实践活动

阅读《庖丁解牛》

庖丁说："臣之所好者道也，进乎技矣。"又言："臣以神遇而不以目视，官知止而神欲行。"庖丁在解牛过程中能够"以神遇"，这就超越了一般的感官支配，将解牛这种技术活动做到出神入化，从而展现了生命的韵律，并最终达到自由的精神境界。这个故事的寓意是：只有当我们驾驭了普遍规律后，处理特殊对象才能达到自由状态。对技术的掌握越纯熟，越能解决目的性与规律性的矛盾，从而达到自由的精神境界。

劳动包含着善（目的性）与真（规律性），体现了劳动者的工匠精神。劳动美是人的智慧、意志、力量、情感的结晶，也是真、善、美的统一，是人类发展的历史记录，是社会进步的里程碑。

课堂讨论：

谈谈"庖丁解牛"带给我们的启示？在未来的工作中，如何践行"庖丁"的工匠精神？

审美鉴赏

模块二

内在美是人们心中一种隐性的、主观的基本价值观，是一种基于内在认知可以影响外在行为、充满正能量的心灵美。它与人的外貌、贫富等客观条件相互独立并可世代相传。例如，中华民族优秀人文精神所传承的一些内在美标准：仁爱之心、爱国情怀、文化自信、工匠精神等，即使在当代也对人们的职业情怀具有正面的影响力，符合社会主义核心价值观。

相比于革命年代和社会主义建设初期，当今青年面对的是碎片化、快餐式、快节奏、功利化的文化氛围不断冲击着中华传统精神与文化的成长环境。相比父辈时代纯粹而积极的内在美，如今人们的内在心理逐渐变得消极、懒惰、急功近利，特别是在快节奏的职场中逐渐失去内在的、正确的审美判断，迷失自我。中国青年基于传统文化精神应有的内在美亟待被拯救和激活。

首先，我们可以对传统人文精神、中国文学作品和中华艺术创作这三类蕴含着传统内在美的经典事物进行再解读、再鉴赏。其次，透过人物解读和美学鉴赏，深入体会主人公或创作者深层次的、正能量的内在美。最后，结合当代职业故事案例，进一步巩固和提升自己利用传统文化内在美提升职业核心素养的认知水平，这也是区别于普通人文课程只进行单纯鉴赏的关键所在。这里的再解读、再鉴赏强调基于职业核心素养导向、为走入职场而做的内在思想准备。

无论我们将来从事何种职业、无论薪酬高低，对中华优秀人文精神的再了解、对中国文学及艺术作品的再欣赏，都是通过对内在美的渗透、陶冶和熏陶，来树立正确的职业情怀、职业品格和职业审美等职业核心素养。

第四章
中华文化与职业情怀

微 课

第一节　　中华人文精神

中华文化的人文精神是整个中华民族特有的内在品质，也是几千年来中华民族的思维方式、价值倾向、信仰追求、道德规范、生活方式和审美情趣的集中表达和经典提炼。它积淀着中华民族最深层的精神追求，蕴含着整个民族最根本的精神基因，代表着中华民族独特的精神标识，是中华民族共有精神家园的重要支撑，是我们的突出优势和最深厚的文化软实力。

人文精神的鲜活代表就是中华文化名人，他们的核心思想和著作传承着整个华夏儿女的优秀精神基因，是非常值得我们深挖、学习的人文精神优秀遗产。

中华文化名人代表着整个民族普遍的、公认的人文精神内在美，包括对仁爱社会的向往、对国对家的情怀、对中国文化的自信等。通过对这些名人的再解读、对他们正能量精神的再理解，能提升我们作为一个职业人在热爱国家民族、热爱人民百姓等方面的职业情怀。只有培养了正确的职业情怀，才能使我们在社会主义劳动的大家庭中成为一名有敬业心、责任心和职业理想的优秀职业人。

一、儒家精神与仁爱之心

1. 儒家名人

儒家代表人物：孔子和孟子是中华传统人文精神在教育界的经典代表人物，在全世界都久负盛名。

孔子

① 孔子核心思想：孔子是中国古代著名教育家和思想家，是儒家学派公认的创始人，教育之基础由他提出，全世界尊称其为"万世师表"，据考证其出生地在山东省曲阜市。孔子的核心思想是"仁爱"，这一思想是贯穿儒家学说的主线，也是中华民族文化基因里的关键部分。

孔子毕生对"仁"非常重视，《论语》中"仁"字出现 109 次之多，涉及 58 章之多。"仁爱"就是宽仁和慈爱，是充满爱护与同情的内在情感。儒家学派的道德精髓就是"仁"，"仁"也是孔子伦理道德体系的最高原则。实际上，仁爱思想的内涵非常丰富，基本内涵包括爱人、孝、悌、忠、恕、恭、宽、信、敏、惠、礼等。这种"仁爱"思想对提高个人修养、处理人际关系或人与自然的关系提供了和谐美好的理念，推崇达到个人、人人、天人关系的大和谐。

孔子的核心思想教会了人们许多为人处世的道理。在中小学教科书的孔子诗篇中，在影视剧或民间百姓流传的孔式语录中，那些经典的诗句让人感慨，千年之前的先人所拥有的内在美境界如此之高："知之为知之，不知为不知，是知也""温故而知新，可以为师也""三人行，必有我师焉。择其善者而从之，其不善者而改之""不在其位，不谋其政"等。

② 孔子思想核心著作：《论语》是孔子弟子及再传弟子记录孔子及其弟子言行而编成的语录集，成书于战国前期，如今其大量内文被选入中学教材。它较为集中地体现了孔子及学派的政治主张、伦理思想、道德观念及教育原则等。《论语》的思想主要包含三个既相互独立又紧密相依的范畴：伦理道德范畴——仁，社会政治范畴——礼，认识方法论范畴——中庸。其中，仁是人内心深处的一种真实的、善良的状态，也是《论语》的思想核心。

③ 孔子对中华传统文化的影响：孔子的内在思想对中华传统文化发展产生了深远影响。首先是积极乐观的有为精神；其次是对于道德价值的高度重视；最后是他伟大的教育思想。孔子是中国传统文化的集大成者，影响了中华后世上千年。孔子的儒家思想随着他的三千弟子的传播，以及汉武帝时期的"独尊儒术"而发扬光大，逐渐成为中国

社会的主流思想。孔子作为伟大的教育家、思想家和儒学思想开创者，其影响早已和中华文化紧紧联系在一起。在中华五千年的历史中，孔子是对华夏民族的性格、气质产生最大影响的人，他正直、乐观向上、积极进取，一生都在追求人生价值观的真谛。在中国文化史上，孔子也可谓是精神鼻祖，《论语》相当于中国文化的"圣经"，孔子则是中国文化的"圣人"。

孟子

① 孟子核心思想：孟子是战国时期伟大的教育家、思想家，他在儒家中的地位仅次于孔子，他继承并发展了孔子的思想。孟子的核心思想是"仁政"，他根据战国时期经验总结了各国治乱兴亡规律，提出了一个富有民主性精华的经典观点，"民为贵，社稷次之，君为轻"，意思是把人民放在第一位，国家次之，君在最后。孟子认为君主应以爱护人民为先，为政者要保障人民权利。孟子认为"若君主无道，人民有权推翻政权"。孟子认为如何对待人民这一问题，对于国家的治乱兴亡，具有极大的重要性。孟子十分重视民心向背，他通过大量历史事例反复阐述这是关乎得天下与失天下的关键问题。

仁政是一种儒家思想，由孟子从孔子的"仁学"继承发展而来，是孟子学说中诸多政治理想之一。"仁政"思想在它诞生之后的多个朝代中都作为统治者的执政思想。这种思想主要宣扬"民贵君轻""人性本善"等理论。在当代哲学研究中，这种思想依然具有先进性和时代性。

② 孟子思想核心著作：《孟子》一书是孟子的言论汇编，由孟子及其弟子共同编写而成，记录了孟子的语言、政治观点和政治行动，属于儒家经典著作。其学说出发点为性善论，提出"仁政""王道"，主张德治。南宋时朱熹将《孟子》《论语》《大学》《中庸》合在一起，称为"四书"。

③ 孟子对中华传统文化的影响：如果说孔子是儒家学派大厦的设计者和奠基者，那么孟子就是儒家学派大厦的完善者，他基本上建成了儒家学说的大厦。在中国历史上，孔子被称为至圣先师，而孟子则被称为亚圣，在儒家学说的道统上，孟子排第二。

孟子思想在整个中华文化中所起的作用非常深远，值得我们今天重新来品味和发扬。从个人来说，孟子思想对任何人都是有用的，孟子的至大至刚，孟子的浩然之气，都是一个刚健民族应该有的状态，值得我们发扬。从家庭和国家来说，人性本善，每个人都应发挥自己的善性，将孝道、仁爱之心推广到社会，这样就能形成一个真正共善的社会。

2. 儒家精神

儒家思想也称为儒教或儒学，由孔子创立，后来以此为基础逐渐形成完整的儒家思想体系。它是中国古代的主流意识，影响深远。儒家思想内容丰富，其中仁爱之心是重中之重，孝、悌、忠、信、礼、义、廉、耻是德行的体现。仁、义、礼、智、信是"和与中"的中庸道德体现。仁就是爱。爱因对象的不同而有着不同的表现形式或层次。对父母的爱称之为"孝"，这是最深层次的爱，是一种血缘之爱；对兄长的爱称之为"悌"，这是同一血脉的同胞之爱；对妻子的爱称之为"情"，这是刻骨铭心的爱，是姻缘之爱；对朋友的爱称之为"诚"，这是志同道合的爱，是同志之爱；对领导的爱称之为"忠"，这是忠于职守的爱，是事业之爱；对陌生人的爱称之为"礼"，这是人与人之间平等的爱，是礼节之爱。

儒家思想的核心是博爱、厚生、公平、正义、诚实、守信、革故、鼎新、文明、和谐、法治等道德思想。它对于我们从传统文化中寻找理论支援以夯实、筑高舆论阵地，对于社会树立核心价值观以寻求长治久安，对于我们传统文化的现代化、国际化，对于我们建设万国咸宁的和谐世界都有着重大意义。

孔子

二、忧乐精神与家国情怀

1. 范仲淹与《岳阳楼记》

作为中华传统人文精神在政治界的典型代表，范仲淹的政绩卓著，文学成就突出。他倡导的"先天下之忧而忧，后天下之乐而乐"思想和仁人志士节操，对后世影响深远。

范仲淹是北宋时期政治家、思想家、军事家和文学家。他一直为政清廉，体恤民情，主张实施改革，却屡遭奸佞诬谤而被贬。他的《岳阳楼记》被千古传诵，之所以成为传世名篇并非因其对岳阳楼的风景描画，而是范仲淹在深刻地抒发他忧国忧民的情怀。他的忧患意识不仅表现为哀其不幸、怒其不争，还体现在希望宋朝能在忧患中崛起，转危为安。

范仲淹完成《岳阳楼记》时，正是北宋内忧外患的时期，社会内部阶级矛盾逐渐恶化，外部有外族的威胁。为维护统治，以范仲淹为首的政治派别进行了"庆历新政"之改革。

这次改革威胁到封建大地主阶级保守派的利益，遭到其强烈抵抗。同时，皇帝面对改革也不是一直怀有信心，在保守官僚的集体施压下，改革最终失败。随后，范仲淹因得罪了宰相被贬放到河南省邓州市，《岳阳楼记》正是写于邓州，而并非湖南省的岳阳市。

这篇文章通过写岳阳楼的景色及在阴雨和晴朗时带给人的不同感受，揭示了"不以物喜，不以己悲"的古仁人之心，也表达了他"先天下之忧而忧，后天下之乐而乐"的爱国、爱民情怀。

这篇楼记超越了单纯描写山水楼观的浅层意义，将自然界的晦明变化、风雨阴晴和"迁客骚人"的"览物之情"结合起来，将全文重心放到了抒发政治理想上，扩大了诗篇的内涵与追求。

2. 范仲淹对后世的影响

范仲淹对后世的最大影响是其忧国忧民的家国情怀的感染力。他以热爱祖国为荣，以危害祖国为耻；以诚实守信为荣，以见利忘义为耻。范仲淹坚持真理，明辨是非，分清美丑，他无私无畏的一生为社会道德建设树立了新标尺，为净化社会风气提供了精神武器。

范仲淹的忧乐情怀还表现在他对人民的忠诚上。无论何时何地，爱祖国、爱人民永远是首选，这是最基本、也是最高尚的道德追求。只有以服务人民为荣、以背离人民为耻、以艰苦奋斗为荣、以奢侈淫逸为耻，才能构建和谐社会。

岳阳楼

三、鲁迅精神与文化自信

1. 鲁迅的文化影响

作为中华传统人文精神在文化界的典型代表，鲁迅是中国著名的文学家、思想家、民主战士，五四新文化运动的重要参与者，中国现代文学的奠基人。鲁迅是文化新军中最伟大和最英勇的旗手，是中国文化革命的主将，他不但是伟大的文学家，而且是伟大的思想家和革命家。鲁迅的骨头是最硬的，他没有丝毫的奴颜和媚骨。鲁迅是在文化战线上，代表全民族的大多数，向着敌人冲锋陷阵，他是最勇敢、最坚决、最忠诚、最热忱的民族英雄。

鲁迅一生在文学创作、文学批评、思想研究、翻译、美术理论引进、基础科学介绍和古籍校勘与研究等多个领域都做出了重大贡献。他对于五四运动后中国社会思想文化的发展具有重大影响，也闻名于世界文坛。鲁迅的文化影响主要在于唤醒国人麻木的精神、改变传统文学的形式、接受外来优秀的文化但却对传统文化坚守自信。

2. 鲁迅的思想观点

品读鲁迅的作品，我们可以感受到鲜明、激昂、先进的思想观点。他早期受到进化论思想影响，后来注重对马克思主义文艺美学的推介，培养了自己独特的文化精神境界。他清楚地看出中国文化里的毒瘤，以现代的眼光重新调整自己的思路。鲁迅思想观点始终具有自信和民族情怀，他促使人发挥文化创造的主体性和自信力，中西兼顾地去创造一种属于新时代和新世纪的中国文化。他有着宽广而深厚的文化底蕴，既有对民族文化的忧虑与反思，又有对民族前途的拷问与考量；既有对本土文化的自信和展望，又有对世界文化的甄别和探究。鲁迅的思想观点始终体现着中华民族意识。他在文字中对一些落后的中国旧传统进行了尖锐的批判，其中《狂人日记》就是对当时黑暗社会的揭露和批判。

文化名人百年巨匠

鲁迅对中国思想文化界产生了广泛而巨大的影响。他最重要的思想观点之一就是坚持文化自信，他虽然旅居过日本，翻译过很多外国文学作品，但他始终具有很强的文化自信心。他的文化观点实际上具有深刻的爱国性，他认为中国应当走自己的路，要早日建立有中国特色的新社会，并要广泛吸收外来文化营养。他赞成将外国的可用的思想中国化，这正是文化自信的表现，不管什么东西，我们都能消化。

第二节　中华文化对职业情怀的渗透

通过对优秀的中华人文精神的解读，我们重温了一些具备人文美的历史人物，现在我们还可以通过内在美渗透的形式，促进我们在职业核心素养培育过程中职业情怀的敬业之心、责任之心、职业理想的形成。

一、渗透敬业之心

孔子主张以仁爱之心处理人际关系，这是一种与人为善、热爱人民的心灵之美。仁爱之心可以通过内在美渗透到当代青年心中，并可转化为热爱人民的敬业之心，这是社会主义大背景下继承儒家精神、夯实敬业之心的途径。在基层服务岗位，如快递员、公交司机、物业保安等职业人群中，人们经常可以看到很多因对人民充满仁爱之心而渗透出敬业之心的优秀案例。

最美司机用心服务　仁爱渗透敬业之心

吴晓红，湖南龙骧巴士公司八车队女驾驶员，工作 20 多年，以"辛苦我一人，方便千万人"的仁爱与敬业精神，为乘客提供安全、方便、准点的优质服务。她在服务上尽量做好"五到"（心到、礼到、口到、手到、眼到）。她安全驾驶近百万公里，创造了奇迹般的"三无记录"：无交通事故、无违章行车、无服务投诉。

吴晓红在工作中用仁爱之心服务乘客，在服务技巧上定下了"五到标准"，即心到、礼到、口到、手到、眼到，还要求自己做到"仁爱四心"，即对待老年人有耐心、对待儿童要关心、对待弱势群体有爱心、对待外地乘客有热心。

吴晓红说："乘客上我的车，我就有义务让乘客享受优质服务。遇到乘客不理解，我都会耐心地解释，认真地做，不管怎样，永远把乘客放在第一位。"二十多年的行车经验让她形成了一套自己的服务方法：文明用语、微笑待人、平和心态、礼字当头。有老人独自乘车时，吴晓红总要问清老人下车地点，到站提醒老人下车，并叮嘱老人注意安全，等老人家平稳下车后再关门起步。凡是乘坐过吴晓红的车的老人，总要称赞一句，这个妹子心地好，对我们像对她自家老人一样关照。

在营运工作中，她还经常提醒乘客小心扒手、不要遗漏物品，在公共场所相互礼让、关心弱势人群等。她的双手经常不得空闲，看到老人、幼儿会上前扶一把，看到车上窗子椅子哪里不干净会擦一下，看到车辆内部不整洁会整理干净。

2011 年 9 月，正逢开学，一位中学生上了吴晓红的车，学费被扒手偷了。吴晓红推测扒手还在车上，她停下车用扬声器大声地喊道："这里有位学生的钱包不见了，里面有他要交的学费，哪位乘客捡了请还给他。"连喊几声车内没反应，就改口说："谁拿了钱包请丢在地上，不然我就打 110。"当她拿出手机准备拨号时，钱包被扒手仍在地上。善待乘客是吴晓红的本性，对乘客的那份细致是她的习惯。

为了给乘客营造一个方便、舒适的乘车环境，吴晓红还主动在车上放置了意见簿、常用药品、备用雨伞、报纸、方便袋等便民小用具，竭尽全力地为乘客提供一切便利。这些不太起眼的小物品总能在关键时刻起到很大的作用。夏天有人因高温中暑，晕倒在车厢内，她赶紧将平时备好的藿香正气水拿来；遇到心脏不舒服的老人乘车，她立马拿出救心丸给老人服下……虽是一件件小事，但都体现了她的仁爱之心，这也是一种敬业的职业核心素养。

（资料来源：中国交通新闻网，2016-03-31）

敬业之心是工匠精神的重要内涵之一，它可以通过内在美渗透到当代青年心中，使一些"平民工匠"在基层技能岗位上默默无闻地成长为"大国工匠"。

案例拓展

当雷锋式工匠 做敬业好工人

全国劳动模范、全国技术能手、全国十大杰出工人、华菱湘钢焊接高级技师艾爱国，从学徒做起，终成技能大师。他说："一辈子当工人，就要当个好工人。"

年近七旬，艾爱国精神矍铄。他每天仍会骑自行车去工厂，工作和学习是他最大的乐趣。1969 年刚进工厂的时候，艾爱国把心思全放在学技术上。在他看来，工人如果没有过硬的本事，站不住脚，更谈不上为企业多做贡献。1978 年，艾爱国便取得了气焊锅炉合格焊工证。他觉得还不够，又学电焊。没有面罩，就拿一块黑玻璃替代，手和脸经常被灼烤脱皮。1982 年，他以优异的成绩考取了气焊合格证、电焊合格证，成为当时湘潭市唯一一个持有两证的焊工。大展身手的机会终于来了。

1984 年 3 月 23 日，对艾爱国来说是刻骨铭心的一天。这天，他采用"手工氩弧焊接"方法成功焊好了"高炉贯流式"新型风口的紫铜容器，实现操作技术重大突破。这项技术后来获得国家科学技术进步二等奖。他还记得当年奋战的情景：用石棉绳缠包焊枪，拿石棉板挡住身子，在逾 700℃高温下焊接，一次又一次试验，终于等到成功的那一刻。近年来，艾爱国为冶金、矿山、机械、电力等行业攻克 400 多项焊接技术难题，改进焊接工艺 100 多项，直接创造经济效益 5000 多万元。"我的制胜法宝是不瞎干，先从理论上搞清门道，做好焊前准备；再就是靠日积月累的经验。"艾爱国喜欢做笔记，每次干完一项难活，总要好好总结一番，寻求创新，他记的焊接工艺案例笔记有近 20 本，锻造了他的"核心竞争力"。

时代脚步向前，劳模的结构在变、工作方式在变，从埋头苦干的"老黄牛"，到创新劳动的"新工匠"，有没有不变的传承？"不管是埋头苦干型还是智力型工人，永远不能脱离'老黄牛精神'。"艾爱国说，"当了劳模，成了工匠，更要在工作岗位上加油干。要想当个好工人，就要勇于拼搏，舍得吃苦，不怕吃亏。"有一次，湘潭钢铁公司热电厂锅炉房 1 号锅炉大修，炎炎 8 月，380 道焊口，须 6 天完工，任务异常繁重。焊口周围温度极高，稍不小心就会烧糊衣服，灼伤皮肤。艾爱国和工友每天吃住在工地，日夜赶工，最终完成任务。

（资料来源：华声在线网，2019-04-21）

二、渗透责任之心

范仲淹心忧天下的家国情怀虽产生在古代，但这种家国情怀通过内在美依然可以渗透到当今青年心中，转变成大局责任意识、职业责任之心。在当今和平年代，有许多职业人群将自身岗位职责与国家命脉紧密相连，将维护国家和人民利益作为高尚的职业责任心。他们可能是警察、战士、消防员、护士等，尽管职业不同，但都体现出了范仲淹那种关心国家、体恤人民的责任之心，也是一种至高层次的人文精神美，甚至将职业责任之心用生命来捍卫，如果不是具备非一般的责任担当和毅力勇气，是无法做到的。

最美消防员 生命护责任

2020 年 3 月 30 日下午，四川凉山又突发大火。31 日凌晨 1 时 30 分，宁南县专业打火队接到任务，21 名队员在一名当地向导的带领下义无反顾地冲向火海。没想到，风向突变，22 个人被大火包围。就在人们盼望着他们平安归来的时候，传来的却是一个令人痛心的消息：19 名年轻的救火英雄，牺牲了。其中 18 人是前来支援救火的宁南县森林草原专业扑火队员，1 人是西昌当地带路的林场职工。一瞬间，生命戛然而止。这是 19 个家庭的生死离别。另外，还有 3 个扑火人员正在医院抢救，最小的才 24 岁，全身烧伤严重。看到他们出征的画面，更是让人心碎。然而，据现在了解，火灾正在逼近西昌市区，直接威胁马道街道办事处和西昌城区安全，其中包括一处石油液化气储配站（存量约 250 吨）、两处加油站、四所学校及西昌最大的百货仓库等重要设施。一旦火势不能控制，后果将不堪设想。

发生火灾的木里县，土地面积为 13252 平方公里，辖 29 个乡镇，有 13.99 万人。该地区地势复杂，一般人走一半就走不动了，但消防员们还要背着很重的消防设备，穿着密不透风的消防服，可想而知，有多辛苦。然而，辛苦就不去了吗？危险就不去了吗？明知山有火，偏向火山行。其中一个牺牲的消防员年仅 24 岁，是一个人最好的时光，刚刚走出校园，未来有着各种可能。当你还在家里坐享其成的时候，别人已经在保家卫国；当你还在嫌弃点的外卖不够快时，他们已经迅速冲到了你的前面帮你抵挡火灾。还有人曾经惋惜地说，为什么他们要亲自灭火啊？派飞机不行吗？可实际上，在绵延几万公里的山火面前，飞机降水真的只是杯水车薪。需要人工来灭火是因为需要在火势蔓延之前，通过测风向、看天气、看环境等专业流程后，迅速杀出一条防火隔离带，这才是真正阻止火势蔓延的方法，而飞机显然无法这么精准和迅速地处置火情。

英勇的消防员们走了，他们拥有这一代人最美的使命感和责任感，他们在生死关头敢于冲锋陷阵，救我们于水火和危难。这世上哪有什么英雄，只是平凡的人在平凡的岗位做出了不平凡的事情。向我们的家国英雄致敬！祖国和人民感谢你们！

（资料来源：搜狐网，2019-04-03）

三、渗透职业理想

鲁迅的一生充满着坚定的职业理想：培养民族文化自信，用笔和纸在中国旧文化领域打开爱国救国的新文化之路。当前，塑造中国大国形象和培养民族自信依然需要坚持鲁迅这种独立与自信的职业理想——既不崇洋媚外，又借鉴他山之石。鲁迅对文化自信的坚守可以通过内在美渗透到当代从事文化工作的职业人群心中，培养他们独立自信的职业新理想。祖国的文化底蕴和文化环境是一片肥沃的土壤，文化职业者要像鲁迅一样坚持爱国自信、自力更生、开拓创新的正确职业理想，摒弃抄袭模仿、盲目追随的职业陋习，创造属于中国人自己的文化天地。

秉承职业理想 国产电影逆袭

2019 年春节，一部逆袭的《流浪地球》登上大荧幕，好评如潮，口碑与票房双丰收。电影上映当月突破 46 亿元票房，创下了中国科幻电影的奇迹，媒体称《流浪地球》开启了中国电影科幻元年。这部电影有两个突破，一是特效上达到了与美国好莱坞同样的水平，二是剧情上设计拯救地球的是黄皮肤的中国人，而不是长期以来的美国英雄。深入思考，这样一部现象级电影是如何获得观众欢呼的，又为何引发观众热议？民无魂不立，国无魂不强。文化自信是更基础、更广泛、更深厚的自信，是更基本、更深沉、更持久的力量。

作为一部文艺作品，《流浪地球》的成功并不是偶然的，是我们不忘本来、吸收外来、面向未来的优秀成果。刘慈欣之前的《三体》带热了中国科幻文学，为中国科幻电影提供了文本支撑；《战狼Ⅱ》《无名之辈》等风格各异的作品，为中国电影创作提供了方案和智慧。题材从人性到科幻，从本土到外来，从微观到宏观，任何视角都突出了中国的本土色彩，夹杂着人性和家国情怀，突出了新时代中国的文化自信。《流浪地球》是一部成功的文艺作品，是一次成功的文艺创作，导演和主创团队坚持了中国电影人自己独立的职业理想，深入生活、扎根人民，以中国特色社会主义文化为指引，创造中国故事，完美阐释了文化自信和职业理想的内生力量。

（资料来源：搜狐网，2019-03-18）

本章实践活动

搜寻雷锋故事，渗透敬业之心

活动目标： 通过活动，引导学生重新认识雷锋身上的工匠精神和职业核心素养中敬业的职业情怀。

活动内容： 通过实地参观雷锋故居或者阅读文献、搜集图片等方式，整理出体现雷锋敬业之心的素材并展开演讲。

活动流程：

1. 每五个同学一组，组员选举组长。

2. 每组收集 2~3 个雷锋敬业的故事案例，图文并茂，分析、讨论、总结感悟。

3. 制作 PPT，在班级演讲，分享各案例对当今职业情怀培育的积极意义。

4. 教师总结、评分。

第五章
中华文学与职业品格

微 课

学习目标

◎ 主要了解古代神话的传世影响、先秦文学经典作品思想、元明清时期作品美及近、当代文学作品美；

◎ 感悟文学作品中精神美的境界与人文精神，提升鉴赏能力；

◎ 培养学生良好的职业道德、人格品质以及创造思维。

一部优秀经典的文学作品，虽然只有文字，但能在人们的思维中树立美的形象，净化人们的心灵。中国从古代到近现代，直至当代，都有丰富的文学作品能通过其故事背景、现实环境描写和人物精神品格等，给我们提供美的体验，可以启发我们对文学美的想象能力、鉴赏能力和判断能力，也在一定程度上提升了我们对文学美的创造能力。

当我们对中国文学作品的鉴赏力、对善恶美丑的辨别力有一定程度提升后，一方面，我们在工作中会潜移默化地形成正确的职业态度和习惯，有助于明辨是非、培养良好习惯；另一方面，使职业人群能更加积极面对职业生涯、憧憬文学作品中的美好世界、善于发现枯燥工作中的点滴乐趣。下面，让我们进入上至远古、下至当代的中华文学长河，细心体味中华文学之美，陶冶我们的职业品格。

第一节　神话

一、神话的文学背景

我国原始祖先面对生产生活实践开展思索，产生了面对自然环境和社会生活两个方面的神话传说。这不同于史书记载中的古典文学作品，而是关于上古传说、历史、宗教和仪式的集合体，通常它会通过口述、寓言、小说、宗教仪式、舞蹈或戏曲等方式在民间流传，也称作民间传说。

神话是不完全的文学，是文学的特殊形态，也是文学之母。中国古代神话故事自诞生开始，对我国文学的发展就产生了不可估量的影响，揭开了我国文学发展的序幕。

中国神话主要分为两类：一是与自然有关的神话传说创作，如盘古开天辟地、女娲造人、大禹治水、后羿射日、愚公移山、嫦娥奔月和神农尝百草等；二是以民间四大著名神话传说为代表的爱情故事，也从一个侧面反映了古人对真挚感情的认可，如牛郎织女、梁山伯与祝台、孟姜女哭长城、白蛇传。它们和其他民间神话传说共同构成了中国民间文化的一个重要组成部分，对广大民众的生活和思想有着深刻的影响。

二、神话的内涵价值

神话不仅以特殊方式在一定程度上反映了远古时代的人类生活及历史发展进程，而且展现了远古人类的心灵世界，为探索远古时代的历史奥秘提供了许多可贵的信息，也为了解远古人类的意识、情感、精神、意志和性格提供了形象的资料，具有不朽的认识价值。古代神话还以其自身的瑰丽壮伟给人们以美妙的艺术享受，具有高度的审美价值。同时，古代神话还是文学史上浪漫主义的源头，为后世文学发展提供了取之不竭的丰富营养，无愧为文学艺术的肥沃土壤，具有较高的文学价值。

三、神话的文化影响

1. 丰富文学创作题材和艺术形象

现今很多文学经典或多或少都受到神话故事的影响。在文学题材方面，神话故事提供了浪漫主义和夸张手法。从艺术形象角度来说，神话故事为后来的文学创作勾画了主人翁式的雏形。《山海经》中的鬼怪形象被屡次借鉴，如九尾狐的角色，不论是在民间故事中还是在奇志怪谈中都屡见不鲜，古代神话故事为我国文学创作提供了源头活水。

《诗经》是最早受神话影响的作品，《诗经·商颂·玄鸟》中有"天命玄鸟，降而生商"，这是商的始祖契诞生的传说；唐代浪漫主义诗人李白，诗风颇具上古逸风"飞流直下三千尺，疑是银河落九天"。此外，借用古代神话形象，糅合到小说中进行新创作，这种"用旧布制新衣"的方法也成为被追捧的一种写作形式，如《西游记》《红楼梦》《聊斋志异》等。

2. 影响后世作家创作方法和表现方式

神话创作立足于现实世界，古人通过幻想来塑造内容，这种浪漫主义与现实主义相结合的创作方法，极大地影响了后世文学家。

伟大文学家屈原，中国浪漫主义文学奠基人，尤为擅长借用神话故事进行创作，在《楚辞》中引用了很多神话故事，在《离骚》中借用了神话人物太阳神、神仙居住的昆仑山等。李白的《梦游天姥吟留别》《蜀道难》，李汝珍的《镜花缘》等都大量引用了神话，题材神幻浪漫，但实际却是借以讽刺黑暗社会现象，以寄托理想。这不仅丰富了文学内容，还使文学作品更富艺术感染力。

3. 奠定弘扬民族正气和尚德尚智的意识形态

我国古代神话又一重要特点是乐观主义、英雄主义，在与自然界的斗争中，始终表达了对未来生活积极探索的高昂志气，引导百姓积极向上，追求美好生活。中国神话中讲述的古代圣贤，品德高尚，智慧与才能出众，为国为民做出丰功伟绩，其指导思想鲜明地体现了中国优秀传统文化，能激起一代又一代人民坚强斗争的意志。

四、神化的时代意义

嫦娥奔月：上古神话传说中，嫦娥被逢蒙所逼，无奈之下，吃下西王母赐给丈夫后羿的一粒不死之药后飞到月宫。如今嫦娥奔月的故事常与中秋团圆之美、人类向往美妙太空相结合。我国科学家正在实施的探月工程就以"嫦娥"命名：2004 年，中国正式开展月球探测工程，并命名为"嫦娥工程"。上古神话流传至今，依然让我们感受到了古人面对未知的自然而敢于想象、敢于尝试的内在精神，这也激励着现代人面对科学中的未知要敢于探索和创新。

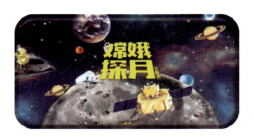

外媒关注中国嫦娥探月工程

第二节　先秦文学

一、先秦文学背景

先秦是指秦朝统一天下之前的那段时间，包括原始社会、奴隶社会和封建社会早期，该时期的文学是中国古代书面文学真正成型的最早阶段。《诗经》《春秋》《左传》《战国策》《论语》《孟子》《荀子》《楚辞》等著名文学经典作品，被大量选入中学语文教材。

二、先秦文学经典鉴赏

《诗经》是中国诗歌领域最早的一部总集，在中学语文教材中长期占据一席之地。它收录了从西周初年到春秋中叶的 311 篇诗歌，大体上由《风》《雅》《颂》三部分组成。《风》是周代各地歌谣；《雅》是周人的正声雅乐；《颂》是周王庭和贵族祭祀宗庙的乐歌。《诗经》虽绝大部分作者不详，但并不影响其反映劳动与爱情、战争与徭役、压迫与反抗、风俗与婚姻、祭祖与宴会等方面的文学之美，是周代社会生活的一面镜子。

《诗经》《关雎》之赏析

《诗经》之词句不仅富有音乐美，且在表意和修辞上也具有很好的效果，此后抒情也成为中国诗歌的主调。另外,《诗经》立足于现实生活,没有虚妄与怪诞,极少超自然的神话,较多地关注现实的热情、强烈的政治和道德意识、真诚积极的人生态度等,内涵意义深远。

经典名句:关关雎鸠,在河之洲。窈窕淑女,君子好逑。主要表现手法是兴寄,还采用了一些双声叠韵的连绵字,以增强诗歌音调的和谐美和人物描写的生动性,用韵方面采取偶句入韵的方式。

第三节　两汉文学

一、两汉文学背景

两汉主要文学形式:散文、诗歌和汉赋。其中诗歌以乐府诗和五言诗成就最为显著。乐府诗是继《诗经》和《楚辞》之后,出现的一种新诗体。著名的《孔雀东南飞》是乐府诗中的叙事长篇作品。汉赋是在汉朝涌现出的一种有韵的散文,它的特点是散韵结合,专事铺叙。其内容以渲染宫殿城市和描写帝王游猎为代表。需要强调的是,赋是汉代最流行的文学体,如今常常将其评价为整个汉代文学的代表。

二、两汉文学经典鉴赏

中国古代文学史上最早、最长,也是最优秀的民间叙事诗当属《孔雀东南飞》。全诗357句,1785字,以时间为顺序,以刘兰芝、焦仲卿的爱情和封建家长制的迫害为矛盾冲突线索,也可以说按刘兰芝和焦仲卿的别离、抗婚、殉情的发展线索来叙述,揭露了封建礼教破坏青年男女幸福生活的罪恶,歌颂了刘兰芝、焦仲卿的忠贞爱情和反抗精神。

孔雀东南飞

此诗沿袭了《诗经》中经典的赋、比、兴的诗歌创作表现手法。赋就是平铺直叙的写实手法，比就是对人或物加以形象的比喻以突出其特点，兴是先借助其他事物为发端，进而引起所要歌咏的内容。诗篇开头的"孔雀东南飞，五里一徘徊"先将主人公比喻成依依不舍的孔雀，即在开篇同时使用了比和兴的手法，用以铺垫刘兰芝、焦仲卿彼此顾恋之情，布置全篇气氛。而诗篇中间叙事部分则使用赋的手法，直接叙述了故事的来龙去脉，如"十三能织素，十四学裁衣，十五弹箜篌"等。

第四节 魏晋南北朝文学

一、魏晋南北朝文学背景

该时期是中国历史上朝代更迭较快的时期，堪称乱世。同一文学家生活在两个甚至三个朝代，但同时也是中国文学发展史上一个充满活力的创新期。诗、赋、小说等体裁在这一时期都出现了新特点，并奠定了此后的发展方向，该时期文学是一个承上启下的过渡时期。

这一时期的文学创作特点包括：一是使中国文学摆脱了政教观念束缚，进入了文学自觉时代。文学独立价值与地位被充分认识与肯定，文学个性（抒情性）大大加强；二是文学题材更丰富了。山水题材、田园题材、游仙题材乃至宫廷题材、边塞题材等文学佳作涌现，为后世文学创作丰富性、深刻性的进一步发展奠定了良好基础。

二、魏晋南北朝文学经典鉴赏

陶渊明，世称靖节先生，东晋末至南朝宋初期伟大诗人、辞赋家。最末一次出仕为彭泽县令，但八十多天便弃职而去归隐田园。中国第一位田园诗人，被称为"古今隐逸诗人之宗"，他的《陶渊明集》包含有诗 125 首，文 12 篇，其中田园诗数量最多，成就最高。

《桃花源记》开端先以美好娴静、"芳草鲜美，落英缤纷"的桃花林为铺垫，引出一个质朴自然的化外世界。全篇借武陵渔人行踪这一线索，把现实和理想境界联系起来，通过对桃花源的安宁和乐、自由平等生活的描绘，表现了作者对美好生活的追求和对当时现实生活的不满。文章描绘了武陵渔人偶入桃源的见闻，用虚实结合、层层设疑和浪漫主义的笔法虚构了一个与黑暗现实相对立的美好境界，寄托了作者的社会理想，反映了广大人民的意愿，不仅是对美好生活的向往和追求，也是对黑暗现实社会的否定与批判。这种古人对美好世界的想象能力和精湛的文学表达能力，即便在今天也是值得体味的。

年轻时的陶渊明本有"大济苍生"之志，可是，他生活的时代正是易代之际，东晋王朝的日益腐败，赋税徭役繁重，加深了对人民的剥削和压榨。在国家濒临崩溃的动乱岁月里，陶渊明的一腔抱负根本无法实现。他上任仅 81 天便坚决辞官，长期隐居田园，躬耕僻野。

他虽"心远地自偏"，但"猛志固常在"，仍旧关心国家政事。他固有的儒家观念，令他对当时政权产生了极度的不满，并憎恨现实社会。但他无法改变现状，只好借助创作来抒写情怀，塑造一个与污浊黑暗社会相对立的美好境界，以寄托自己的政治理想与美好愿望。《桃花源记》就是在这样的背景下产生的。

陶渊明之《桃花源记》赏析

第五节　唐宋文学

一、唐宋文学背景

唐代繁荣稳定的社会发展为文化创作提供了极为有利的环境，唐代盛世造就的进取精神、开阔胸怀、恢宏气度，为文学创造力的培养提供了沃土，也给文学创作带来了昂扬的精神风貌，并创了被后代一再称道的盛唐气象。

唐代是中国诗歌的"黄金时代"，诗歌大师众多，如"初唐四杰""大李杜""小李杜""山水田园诗人""边塞诗人""诗中三李"等，这些优秀的诗人留下了众多脍炙人口的经典诗篇。唐代散文则以韩愈、柳宗元为代表。文言小说中的《长恨歌》《柳毅传》较为经典。

　　宋代文学形式主要包括宋词、诗、散文、话本小说、戏曲剧本等，其中宋词的创作成就最高，诗和散文其次，话本小说又次之。宋代文学在中国文学发展史上具有重要地位，发挥着承前启后的作用，处在中国文学从"雅"到"俗"的过渡时期。

　　宋词是中国词史之顶峰，影响了后世的整个词坛，与"唐诗""元曲"一同列为经典文学形式。宋诗是在唐诗的基础上发展起来的，但又自具特色，代表人物有李清照、辛弃疾、苏轼、陆游等。宋代散文在创作上更加注重现实内容和社会意义。"唐宋散文八大家"中北宋就有六位：欧阳修、苏洵、苏轼、苏辙、王安石、曾巩，都创作了优秀的文学作品流传后世。

二、唐宋文学经典鉴赏

　　杜甫是唐代著名的现实主义诗人，与李白合称为"李杜"。为了与另两位诗人李商隐与杜牧的"小李杜"有所区别，杜甫与李白合称为"大李杜"，杜甫也常被称为"老杜"。杜甫对中国古典诗歌产生了非常深远的影响，被后人称为"诗圣"，他的诗被称为"诗史"。杜甫创作了《春望》《北征》"三吏""三别"等著名作品。

　　杜甫一生写下了大量忧国忧民的诗篇，通过描写灾难深重的民众，刻画现实生活中的民众形象，再现了当时的社会现实，寄寓了作者对民众的深厚情感。可以说，杜甫的人道主义精神是他成为"诗圣"的一个重要因素，而民本情结则是他的人道主义精神的底蕴。作为社会的良知，杜甫最关心的是民众的生命、安全与幸福。《茅屋为秋风所破歌》是杜甫的代表作之一，此诗叙述作者的茅屋被秋风所破以致全家遭雨淋的痛苦经历，抒发了自己内心的感慨，体现了诗人忧国忧民的崇高思想境界，是杜诗中的典范之作。

　　如今，四川省成都市保留有杜甫草堂遗址公园，我们可以在"诗圣"驻足过的遗址上畅想和体验当时杜甫的别样情怀和人文精神，熏陶自己的心灵。

杜甫

杜牧则是唐代杰出的诗人、散文家。《山行》是其创作的一首经典诗,此诗描绘秋日山行所见的景色,展现出一幅动人的山林秋色图,山路、人家、白云、红叶,构成一幅和谐统一的画面,表现了作者的高怀逸兴和豪荡思致。作者以情驭景,敏捷、准确地捕捉足以体现自然美的形象,并把自己的情感融汇其中,使情感美与自然美水乳交融,情景互为一体。全诗构思新颖,布局精巧,于萧瑟秋风中摄取绚丽秋色,与春光争胜,令人赏心悦目,精神激昂。湖南省长沙市的爱晚亭于清代建立,原名红叶亭,后根据"停车坐爱枫林晚,霜叶红于二月花"的诗句,更名爱晚亭。每当秋季枫叶浸染山林时,自然之美与诗歌文学之美让人无限陶醉。

第六节　　元明清文学

一、元明清文学背景

元代的历史不足两百年,与唐宋时期的文学相比较,其最显著的特色在于我们熟知的戏曲方面,如今常把"元曲"与"唐诗""宋词"并称,但元代的诗、词、散文等文学作品则影响力不大。元代文学中新产生的一种体裁是戏曲,主要分为杂剧和散曲。著名的元曲四大家是关汉卿、马致远、郑光祖、白朴。元曲的经典代表作有《窦娥冤》《天净沙·秋思》等。

明清时代,是中国小说史上的繁荣时期。虽然与其他文学形式并存,但小说是这一时期文学的主要形式。从思想内涵和题材表现上来说,小说作品最大限度地包容了传统文化的精华,经过世俗化的图解后,让传统文化以可感的形象和动人的故事走进了千家万户。明清时代小说代表作有:"四大名著"——《水浒传》《三国演义》《西游记》《红楼梦》,明代冯梦龙的"三言"——《喻世明言》《警世通言》《醒世恒言》,清代蒲松龄的《聊斋志异》、吴敬梓的《儒林外史》、刘鹗的《老残游记》等。一般认为,中国古代文学是到鸦片战争以前,鸦片战争之后,开始近代文学阶段。

二、元明清文学经典鉴赏

元曲《天净沙·秋思》为马致远的一首小令。此曲以多种景物并置,组合成一幅秋郊夕照图,让天涯游子骑一匹瘦马出现在一派凄凉的背景上,从中透出令人哀愁的情调,抒发了一个飘零天涯的游子在秋天思念故乡、倦于漂泊的凄苦愁楚之情。全曲仅五句二十八字,言简意丰,用极其简练的白描手法,勾勒出一副游子深秋远行图,被誉为"秋思之祖",

后人常习惯用此曲来表达同样的境遇或画面。

秋思图

　　《西游记》是中国古典四大名著之一，是由明代吴承恩创作的一部充满奇思异想的长篇神魔小说。作者运用浪漫主义手法，描绘了一个色彩缤纷、神奇瑰丽的幻想世界，以作品独特的思想和艺术魅力，把读者带进了美丽的艺术殿堂，使其感受艺术之魅力。吴承恩在《西游记》中创造了一个神异、美丽、奇幻的世界，同时还融入了各种奇人异事，使小说具有浓烈浪漫主义艺术特色和风采，展现出了一种奇幻美。这种时而长生不老、时而降妖除魔的夸张美和奇幻美的经典作品成为后世老少咸宜的读物，并被搬到屏幕上，在很多人心中留下了不可磨灭的印象。

《西游记》剧照图

近现代文学

一、近现代文学背景

中国文学史中所指的近代一般是从鸦片战争至五四运动前夕这段时期，是中国文学走向现代化的孕育期。该时期作家众多，流派竞起，文学界呈现繁荣复杂的景象。首开文学新风气的是以龚自珍、魏源、林则徐等为代表的开明派。戊戌变法前后，梁启超提出了"诗界革命"、"文界革命"和"小说界革命"。近代文学更多的成就在于它反帝反封建的进步思想，以及反映现实和追求理想的文学精神和创作方法。

中国文学史中指的现代一般是从五四运动到新中国成立这段时期，是在中国社会内部发生历史性变化的背景下，广泛接受外国文学影响而形成的新文学时期。它不仅开始用现代语言表现现代科学与民主思想，而且在艺术形式与表现手法上都对传统文学进行了革新，文学作品集合了现实主义、浪漫主义与现代主义，逐步与世界文学潮流趋向一致。该时期文学创作开始出现大量的话剧、新诗、现代小说、杂文、散文诗、报告文学等新体裁，也涌现了一大批著名文学家。其中，著名作家沈从文善于运用浪漫主义手法创作湘西生活等乡村题材的作品，他的小说富有诗意、虚实结合，凸显了中国现代文学的多元性。

二、近现代文学经典鉴赏

《边城》是沈从文创作的中篇小说，首次出版于 1934 年。该小说以 20 世纪 30 年代川湘交界的边城小镇茶峒为背景，以兼具抒情诗和小品文的优美笔触，描绘了湘西地区特有的风土人情，还借船家少女翠翠的纯爱故事，展现出了人性的善良美好。

凭借其深厚的美学艺术，这部小说在中国近现代文学史上具有重要影响力，奠定了作者在中国文学史上的历史地位，该作品入选亚洲周刊评选的 20 世纪中文小说 100 强，排名第二位，仅次于鲁迅的《呐喊》。这部小说寄托作者"美"与"爱"的美学理想，是他作品中最能表现人性美的一部小说。小说片段：小溪流下去，绕山岨流，约三里便汇入茶峒的大河。人若过溪越小山走去，则只一里路就到了茶峒城边……《边城》里的文字是鲜活的，处处是湿润透明的湘楚景色，处处是淳朴赤诚的风味人情。

舞台剧《边城》演出图

第八节　当代文学

一、 当代文学背景

中国当代文学指 1949 年以来的中国文学，也是发生在特定的社会主义历史语境中的文学。中国当代文学是近现代文学的继续和发展，它继承了我国古典现实主义和古典浪漫主义的传统，吸收了世界进步与革命文学的优秀元素，标志着中国文学进入了一个崭新的时期。该时期主要代表作家有：巴金、王蒙、路遥、贾平凹、莫言、王朔、余秋雨等。

二、当代文学经典鉴赏

中国著名的当代文学家王蒙创作的长篇小说《青春万岁》，动笔于 1953 年，最终在 1979 年，由人民文学出版社第一次正式出版。《青春万岁》以建国初期北京的高中学生为主人公，采用强烈的对比写法，主要讲述了郑波、杨蔷云等学生党员对某些生活困难、思想落后同学的热情帮助，最终他们顺利毕业，走进社会主义新时期。

该小说在塑造人物形象时，注重对青少年人物的内心描述，通过生动而细腻的心理描写，实现较好的艺术效果。全篇小说充满乐观主义、集体主义、奉献精神和理想主义精神，也彰显出新中国建设初期，青年学生热爱党和国家、热爱百姓、团结群众的强大正能量与青春活力。

时至今日，我们从这篇小说中依然可以感受到学生在青春时代所焕发出的社会主义理想与集体主义精神，这正是当代职业教育亟待加强的集体观念、助人为乐、积极上进的思政育人点。

第九节　中华文学对职业品格的陶冶

通过对中华优秀文化中文学作品的鉴赏，我们不仅感受到了文学的意境美，更可以重温文学名家通过内在精神美所传递出的职业品格美，这种品格美可体现在职业态度和职业习惯两个方面。通过陶冶内在美的形式，挖掘文学大师们的职业品格，可以帮助我们促进职业核心素养培育中良好职业态度与习惯的养成。

一、陶冶职业态度

陶渊明虽是文学诗人，但他寄托于文学作品的精神其实是一种可贵的职业品格，其包含的态度是为官清廉、体恤百姓。他曾说"不会为了县令的五斗薪俸，就低声下气去向小人贿赂献殷勤"。这位"不为五斗米折腰"的田园诗人正是职场正能量的代表，当今需要端正职业态度的学生们应该接受这种正能量的陶冶。

案例拓展

科研不争名与利，医药造福全人类
——记中国首位诺贝尔医学奖获得者、药学家屠呦呦

屠呦呦于 1930 年出生在浙江宁波，多年来致力于中西药研究实践，最突出的科学贡献是发现了"青蒿素"。

1972 年她成功提取分子式为 $C15H22O5$ 的无色结晶体，命名为青蒿素。2011 年 9 月，因发现青蒿素——一种用于治疗疟疾的药物，挽救了全球特别是发展中国家数百万人的生命，获得拉斯克奖和葛兰素史克中国研发中心"生命科学杰出成就奖"。2015 年 10 月，她获得了诺贝尔生理学或医学奖，成为第一位获得该奖的中国人。

颁奖台上的荣誉，来自屠呦呦及其团队多年的辛苦奋斗。

1946 年，16 岁的屠呦呦不幸染上了肺结核，被迫终止了学业。休学两年病情好转后，继续高中学习并于 1951 年考入北京医学院，选择了在北京医学院药学系学习。1955 年，她毕业后分配在中国中医科学院中药研究所工作至今。

屠呦呦作为世界重大科研成果的创新者，在日常生活和工作中表现出很多值得我们学习的敬业精神。一是不讲虚话：中国中医药管理局科技司原司长曹洪欣曾评价道，屠呦呦不讲"场面论"，同事也曾形容屠呦呦"不会虚言，更不会说场面话"。二是不争名利，屠呦呦常说："科研不是为了争名争利。"2009 年，中国中医科学院推荐屠呦呦参评第三届唐氏中药发展奖，她知悉后直接给时任中国中医科学院院长曾洪欣打电话："我这么大岁数还推荐我干吗，把机会让给年轻人吧！"三是谦虚、低调。共和国勋章颁发人选公示前，面对来征求意见的评选组，她的反应是反复确认自己是否够格。尽管她的名字已经家喻户晓，她依然不习惯成为注目的中心，她始终惦记的还是青蒿素。

在"感动中国"颁奖典礼上，屠呦呦的颁奖词中有这么一段文字，"为了一个使命，执着于千百次实验。萃取出古老文化的精华，深深植入当代世界，帮人类渡过一劫"。

（资料来源：根据百度百科网资料整理）

二、陶冶职业习惯

职业习惯是指职业人在长期、重复的职业活动中逐渐养成的比较稳定的行为模式。放眼古代山水抒情诗的创作，诗人们都秉承着跋山涉水、不畏险阻的游历习惯，这种用心体味大好河山的职业习惯积累了优美诗作的素材灵魂。

销售人员的良好职业习惯

不少学生在周末或寒暑假都会找一份兼职工作。一方面锻炼了自己的工作能力、适应社会环境、为毕业择业积累经验，另一方面也获得了少量的经济收入，了解到劳动成果的不易。在兼职工作中，销售是学生们经常接触的一个岗位，那么销售岗位需要怎样的职业习惯，才能助你在销售工作中事半功倍呢？

1．善于制定目标

一个没有目标的人，就好比大海中航行的船只没有指南针的指引，永远靠不了岸。

学会每年、每月、每周、每日给自己制定一个切实可行的目标，并尽自己最大的努力去实现。天天坚持做，一年后、三年后、五年后，你将会积累一个大大的、成功的收获，并为之骄傲。

2．尽量帮助他人

帮助一个人，需要有付出的心态，需要有爱心，当然也需要有助人的能力。社交的本质就是不断用各种形式帮助其他人成功。分享你的知识与资源，付出你的时间与精力、友情与关爱，从而持续为他人提供价值，一定要记得：帮助他人其实是在帮助自己。你将会获得更多的快乐、朋友、关爱和宽容。

3．勇敢和自信

一个成功的人，一定是一个勇敢的人、自信的人。具有勇敢和自信的品格，一定会使你在职场攻无不克、战无不胜，创造神奇。所以，要不断修炼你的自信心和勇气，使自己在做事的时候、在创业的时候，更能把握机会，获得成功。

4．学会尊重他人

人与人之间是平等的，没有职务高低之别，没有高低贵贱之分。一个时常能尊重他人的人，一定能赢得他人的尊重。切记勿居高临下、目中无人，谦虚的胸怀是人际的通行证。

5．凡事做足准备

成功是属于有准备的人，做任何事、见任何人之前，都要做足充分的准备。

准备好你的心态，准备好你的时间，准备好你的精力、资料、知识，这样你将会获得更有准备的成功。

6．坚持每天阅读

书中自有黄金屋，坚持读书，读精品书，并静下来思考，不断扩充知识面，提升见识，做到每天点点滴滴积累，有朝一日就会获得一日千里的长进。

（资料来源：根据搜狐网资料整理）

本章实践活动

《中国文学与职业品格》阅读分享会

活动目标： 通过活动，引导学生对文学鉴赏、良好职业态度和习惯的重视度。

活动内容： 选择中国小说、诗词、诗歌等，作品不限年代，结合职业习惯或职业态度谈谈读这个作品的感受。

活动流程：

1. 每五个同学一组，组员选举组长。

2. 每组各收集各类中国文学作品相关的鉴赏案例 1~2 个，图文并茂，结合职业习惯与职业态度，分析、讨论有何启示和总结感悟。

3. 制作成 PPT，在班级演讲和分享各自案例对当今职业品格的陶冶作用。

4. 教师总结、评分。

第六章

中华艺术与职业审美

学习目标

◎ 赏析中华绘画经典作品，了解中华绘画经典作品之美；赏析
　古代工艺品、古代乐曲，体会古代艺术美；

◎ 理解莫高窟壁画、清明上河图、富春山居图中的艺术境界与
　美学思想，提升绘画审美能力；理解四羊方尊、唐代三彩釉
　陶器工艺美和名曲的乐曲美，提升音乐审美能力；

◎ 培养良好的职业审美观、职业礼仪观、优秀的人格品质。

微　课

　　中国古代艺术历史悠久，在世界艺术之林中独树一帜。中国古代艺术的价值与意义在于：一是其本身的民族特异性为世界艺术大花园增色，成为不可或缺的一枝独秀；二是以其特有的思想价值和技巧技法对世界文化艺术的发展和丰富起到了积极的推动作用。

　　艺术作品之美不同于纸面文学作品的想象美，它大都能"看得到"、"摸得着"。除音乐、舞蹈等形式，其他大都以实物为载体收藏于博物馆之中。通过对艺术作品鉴赏不仅可学到美育知识，更可激发对实体美丑的辨别能力、对传统美的继承创新能力。艺术鉴赏可开阔眼界，扩大知识领域；可熏陶职业审美，促进社会精神文明建设；可提高艺术修养和职业审美能力，对我们性格、感情、人生观、思想观等有非常重要的意义。

　　一方面，很多与美学相关的专业性职业岗位面对的实际工作需要较高的艺术审美意识，可称之为专业性职业审美，比如理发师、设计师、摄影师、厨艺师、园林师、化妆师等，都必须具备一定的美学素养来协助工作的开展；另一方面，与艺术创作无关的其他工作也可借助审美能力的提升来丰富工作内容、提升工作效率，可称之为常规性职业审美。比如教师授课、企业管理等往往被人们称之为一门艺术。下面，让我们从绘画、工艺品、乐曲等方面鉴赏中华艺术之美，熏陶职业审美水平。

第一节　绘画美

一、战国人物龙凤帛画

帛画是中国古代画种，因画在帛上而得名。帛是一种质地为白色的丝织品，在其上用笔墨和色彩描绘天象、神祇、图腾和人物，以表现茫茫天国中神人共处的神话世界。帛画约兴起于战国时期，至西汉发展到高峰。

1949 年，湖南省长沙市南郊楚墓中，出土了一幅帛画，这就是最负盛名的战国时期的人物龙凤帛画，现藏于湖南省博物馆，距今已有 2300 多年历史。

这幅人物龙凤帛画长约 31 厘米，宽约 22.5 厘米，构图上看似简洁，意境却十分深远。整个构图为上、中、下三个层次，上层绘有一龙一凤，凤的姿态表现出引颈昂首、展翅向上，龙的姿态表现出身躯蜿蜒、腾跃飞天；中层描绘出一位高发髻、细腰身，穿着宽袖长裙，侧身而立的贵族女子，她双手合掌，正在祝祷；下层绘有形似弯月的物体，可能是引魂升天的独木灵舟。

人物龙凤帛画

从整幅帛画可看出，它的绘制以线条勾描形象的白描手法为主，同时运用单色平涂，线条流畅而舒展，勾勒的形象形神兼备，特别是龙与凤的动态渲染和人物的静态刻画，呈现一弛一张的鲜明对比，极具艺术表现力和想象力。

从这幅帛画还可以看出中国早期人物肖像画的艺术创作特点：运用线条来塑造人物形

象和形态。该幅帛画的人物，虽然面部的描画不算细致，但其呈现出在龙凤的引导下缓慢行进的姿态却充满一种舒缓和安详之美。长裙覆地、不露鞋履等外形的描画，使观者了解到该人物即便不是雍容华美的贵妇，也是养尊处优的女性。该幅帛画被认为是我国发现时代最早、保存最完整的人物肖像画之一。

二、马王堆"T"形帛画

马王堆"T"形帛画 1972 年出土于湖南省长沙市东郊，现藏于湖南省博物馆。它展示了大千世界的丰富多彩，在整个中国绘画史上都极为罕见，具有极其重要的研究价值。它的出现为人们认识和了解楚文化提供了一个崭新的视角。

从整体来看，整幅帛画呈现"T"的形状，上宽下窄，由三块单层的棕色细绢拼接而成。汉代，民间认为人死后灵魂可升入天界，因此该帛画基本内容描绘的是墓主人灵魂升天的情景和灵魂所生活的天界仙境，寄托了人们渴望成仙的遐想。这种引魂升天的创作内容虽在战国时期的帛画中就已出现，但想象力更丰富、表现色彩更浪漫的当属这幅"T"形帛画。

从具体部分来看，画面内容分上、中、下三个部分，即天界、人间和地下。天界位于帛画上端最宽阔的位置。右上角有一轮红日，日中有金乌鸟。红日下方的扶桑树间绘有八个太阳。左上角有一弯新月，月上绘有蟾蜍和玉兔，月下绘有奔月的嫦娥。日、月之间端坐了一位人首蛇身的天帝。同时门吏守卫的天门周围还绘有各类神兽相伴，凸显出极乐绚烂的想象美。人间以玉璧为界划分出上下两层，下层描绘的是对墓主人的祭祀，上层描绘的是墓主人升天的图像。墓主人拄着拐杖面朝西方，身前有小吏迎接，身后是侍从护送，凸显出气魄非凡的庄严美。人间的下面有位赤身裸体的巨人（地神），他双手举起一白色平台，象征着大地，平台之下是古人通称的"水府"（黄泉）。巨人脚踏鲸鲵，胯下有蛇，凸显出阴沉昏暗的神秘美。

从绘画艺术角度鉴赏这幅帛画，可以看出，汉代初期具有民族特色的毛笔画，无论在画技、着色还是布局等方面都已达到高超的水平。"T"形帛画的艺术美感凸显成就，其图像之美在于写实与虚设搭配，其着色之美在于不同对象不同调色，其布局之美在于天上有天门标明、地下以平台为界、天地之间自然为人间。各界之中都有典型图像凸显其空间感，特别是人间部分墓主人的形象显著、主题突出，完全符合帛画的用途。"T"形帛画不仅用清晰的艺术语言表现出独特的绘画美，而且对了解汉代丧葬制度和继承民间传统文化都具有积极作用。

马王堆"T"形帛画

三、敦煌莫高窟壁画

莫高窟俗称千佛洞，是甘肃省最大的石窟群，也是敦煌石窟群体中的代表窟群，位于敦煌市东南 25 千米处鸣沙山东麓、宕泉河西岸的断崖上。整体南北长约 1600 多米，高低错落有致、鳞次栉比，形如蜂房鸽舍，壮观异常。莫高窟不仅是我国著名的四大石窟之一，也是世界上现存规模最大、连续修建时间最长、内容最丰富的佛教石窟群，1987 年被联合国教科文组织列为世界文化遗产。

石窟以彩塑为主体，四壁及顶均彩绘壁画，其绘画技艺精湛，色彩绚烂，内容极其丰富。壁画的题材主要有七类：佛像画、传统神话画、佛经故事画、经变画、佛教史迹画、供养人画像（肖像画）、装饰图案画。这些壁画诞生于不同的历史朝代，具有很高的艺术价值，其中盛唐时期的壁画艺术水平最高。

佛教中把空中飞行的天神称为飞天，飞天的形象是敦煌莫高窟壁画的经典名片，也是敦煌壁画艺术的标志。敦煌莫高窟 492 个窟中，几乎窟窟画有飞天。从艺术形象上说，敦煌飞天不是单一文化艺术形象，而是多种文化复合体，是印度文化、西域文化、中原文化等共同孕育而成的。敦煌飞天的形象不长翅膀，不生羽毛，没有光环，借助彩云但不完全依靠彩云，主要凭借飘曳衣裙、飞舞彩带而凌空翱翔。它不仅承载了古人对人物外部肖像美的追求，还承载了古人对美好愿望和虚无空间的想象之美。敦煌飞天作为中国古代艺术家创作的艺术珍品，也是世界艺术史上的一个奇迹。

敦煌莫高窟壁画

四、北宋清明上河图

清明上河图，北宋风俗画，是北宋画家张择端仅见的存世精品，也是中国十大传世名画之一，属于国宝级文物，现藏于北京故宫博物院。

清明上河图宽 24.8 厘米、长 528.7 厘米，其绘画工程之浩大、细节绘制之精细，令人叹为观止。作品以长卷形式，采用散点透视构图法，生动记录了中国十二世纪北宋都城汴京（今河南开封）的城市面貌和当时社会各阶层人民的生活状况，是汴京当年繁荣的见证，也是北宋城市经济情况的写照。在五米多长的画卷里，连贯且集中地描绘了数量庞大的各色人物，牛、骡、驴等牲畜，车、轿、大小船只等。房屋、桥梁、城楼等各有特色、体现了宋代建筑的特征。

该作品体现了我国民族绘画的优秀传统和中国古代画家"目识心记"的深厚的默写能力。在技法上，大手笔与精细的手笔相结合，体现了我国古代绘画以线造型的技法特色。在内容结构上，内容丰富、结构严谨、繁而不乱、长而不冗。画中每个人物、景象、细节，都安排得合情合理，疏密、繁简、动静、聚散等画面关系，处理得恰到好处，充分表现了作者对社会生活的深刻洞察力、高度的画面组织和控制力。

清明上河图不仅仅是一件伟大的现实主义绘画艺术珍品，同时也为我们提供了北宋大都市的商业、手工业、民俗、建筑、交通工具等翔实形象的第一手资料，具有重要的历史文献价值。其丰富的思想内涵、独特的审美视角、现实主义的表现手法，都使其在中国乃至世界绘画史上被奉为经典之作。

数字化的《清明上河图》

五、元代富春山居图

富春山居图，是元代画家黄公望于 1350 年创作的纸本水墨画，是中国十大传世名画之一，被誉为"画中之兰亭"，属国宝级文物。它几经易手，并因"焚画殉葬"而分为两部分，前半卷称为剩山图，现藏于浙江省博物馆，后半卷称为无用师卷，现藏于台北故宫博物院。

该画以浙江省富春江为背景，画面上山峦起伏、平岗连绵、层次丰富、神采焕然，生动展现了富春江一带的优美自然风光。整幅画面用墨淡雅，山和水的布置疏密得当，墨色浓淡干湿并用，极富于变化。

富春山居图名画赏析

富春山居图山水美感的呈现主要依靠作者精妙的笔墨技法。为了更好地突出画作中的山水艺术美感，黄公望运用了多种笔墨技法，在构图、浓淡及皴法等多个方面构筑了《富春山居图》中的山水世界，让富春山的山水以一种来自于现实但是高于现实的状态表现出来。

富春山居图对后世特别是浙派画家的影响深远。浙江画家在执守浙派传统的基础上，积极调整和更新自己的艺术观、审美观和人生观，在吸收以富春山居图为代表的绘画艺术营养的基础上创新传统，发展传统，画出浙派笔墨的时代新貌。

第二节 工艺美

一、四羊方尊

四羊方尊，商朝晚期的一件青铜器，中国十大传世国宝之一，1938 年出土于湖南省宁乡地区，现藏于国家博物馆。

四羊方尊是已出土现存的商朝青铜方尊中最大的一件，重量约 34.5 千克，高度约 58 厘米。颈部高耸，四边上有纹饰；中部是器的重心所在；四角各塑一羊，肩部四角是 4 个卷角羊头，羊头与羊颈伸出于器外，羊身与羊腿附着于尊腹部及圈足上，整体稳重大气又带有几何美。据考古学者分析，器具是用两次分铸技术铸造而成的，显示出古代工匠高超的铸造水平。

四羊方尊

四羊方尊的艺术特色主要表现在三个方面：一是动静结合的造型。四羊方尊主要采用动静结合的塑造手法，在器身造型上富于变化；二是精致细腻的纹饰。尊颈部四边有蕉叶纹、三角夔纹和兽面纹等纹饰，这些纹饰对正确判断青铜器物的归属地、归属权及其发展历史起到了重要作用；三是浑然天成的工艺，四羊方尊集铸造工艺、艺术美学于一体，充分表现了线雕、浮雕及圆雕的表现手法，不拘泥于传统样式而敢于创新，将平面纹饰与立体雕塑融会贯通，将器物功能与动物造型完美统一起来。

四羊方尊不仅是精美的祭祀礼器或用具，还承载着丰富的中国传统文化。古人把羊与尊相结合而制成青铜礼器，寓意非常深刻，一方面包含着中国古人对羊图腾的崇拜，寓意着中国传统民间文化中的吉祥如意，是对家畜养殖兴旺的期盼；另一方面，也包含着对整个国家或家族盛世太平、兴旺发达的祝愿。

二、唐代三彩釉陶器

唐代三彩釉陶器，是一种低温釉陶器，釉彩有黄、绿、白、褐、蓝、黑等色，而以黄、绿、白三色为主，所以人们习惯称之为"唐三彩"。唐三彩是唐代艺术的精华，充分显示了盛唐时期的精神面貌和艺术水平，具有独特的艺术风格和鲜明的民族特色。

唐三彩的造型非常丰富，一般分为生活用具、模型、人物、动物四大类，尤以动物居多，这可能和当时的时代背景有关。唐三彩器物形体圆润、饱满，这与唐代艺术追求丰满、健美的审美标准是相符合的。

从艺术鉴赏角度来看，一方面，唐三彩在釉色方面体现出浓艳而瑰丽之美。三种釉色之间没有固定的界限，它们相互渗透，互相交融，形成你中有我、我中有他的错色、渗色现象，给人一种流畅、自然、清新的特殊美感。另一方面，唐三彩以独特的造型呈现出民俗生活之美。特别是三彩马，头小颈长，膘肥体壮，眼睛炯炯有神，富于艺术的概括力。

唐三彩以斑斓的釉彩，鲜丽明亮的光泽，优美精湛的造型而著称于世，是中国古代陶器中一颗璀璨的明珠，是唐代社会生活的百科全书，堪称东方艺术瑰宝。

瑰宝唐三彩

第三节　　乐曲美

一、名曲春江花月夜

《春江花月夜》又名《夕阳箫鼓》《夕阳箫歌》《浔阳夜月》，是中国古典民乐的代表作之一，也是中国十大古曲之一。全曲通过委婉质朴的旋律和流畅多变的节奏，描绘了春江月夜的迷人景色，赞颂了江南水乡的无限魅力。

《春江花月夜》意境优美，构思巧妙，随着音乐主题的不断变化和发展，乐曲所描绘的意境也在逐渐变换。如在乐曲开始的引子里，传递出江边钟楼里响着的钟鼓声。接着进入主体部分，呈现出整个和风宜人的月色：月亮慢慢地从东山升起，阵阵晚风吹皱一江春水，两岸花影层叠，掩映在水波上。远处传来渔夫的歌声和摇桨声，滩头的激流翻滚着浪花向远方奔去。最后，夜深了，人们尽情地欣赏美好的春江夜色，驾着轻舟愉快地向归途划去。

另外，《春江花月夜》不仅是乐曲，还是唐代诗人张若虚的一篇著名诗作。这篇诗文描绘了一幅幽美邈远、惝恍迷离的春江月夜图，抒写了游子与思妇真挚动人的离情别绪及富有哲理意味的人生感慨，创造了一个深沉、寥廓、宁静的境界。可以以《春江花月夜》为音乐背景朗诵此诗篇，享受这种立体式、沉浸式的极致审美体验。

配乐朗诵诗篇《春江花月夜》

二、名曲阳春白雪

《阳春白雪》是中国古典名曲，也是中国十大古曲之一，总体上表现的是冬去春来，大地复苏，万物欣欣向荣的初春美景。全曲旋律清新流畅，节奏轻松明快。

《阳春白雪》是由六十八板小曲集成的套曲，其中大部分小曲由老六板变奏而成。该曲有七段、十段、十二段几种版本，一般将十段、十二段的版本称为《大阳春》，七段的版本称为《小阳春》。实际上，该曲经过历代名人的删改，音乐结构更集中、更严谨、更有层次，音乐形象也更加鲜明。全曲呈现出一种明亮的色调，以活泼清新的旋律，富于活力的节奏描绘了万物生机盎然的春意景象。在演奏上时而用扳的技法奏出强音；时而用撮分弹出轻盈的曲调，尤其是第六段弹出的一连串泛音，更如"大珠小珠落玉盘"，晶莹四射，充满活力。听来使人感觉耳目一新，是一首雅俗共赏的优秀乐曲。

深入鉴赏《阳春白雪》这首乐曲，可以体会到它对音乐形象进行了精练的概括，用质朴而丰富的音乐语言表现了一种积极进取、乐观向上、对大自然充满无限感情的精神气质。

阳春白雪

第四节　中华艺术对职业审美的熏陶

通过对精美的绘画作品、工艺品及精彩的音乐作品鉴赏，我们直观地目睹、感受到千百年传承下来的中华艺术之美。我们通过鉴赏这种艺术美的方式，提升我们在职业核心素养培育中对职业审美形象与礼仪的认知。

一、熏陶职业形象

中国绘画的精髓不仅是把事物的形与神传达给观者，更重要的是将画家的思想感情也传递给观众，画家们用强烈的感情去体味生活并用心塑造出作品独特的外在美。在职业生活中，我们也需要学会带着这种真挚的感情、饱满的热情、浓郁的兴趣去塑造出美的形象，初步展现职业核心素养的外在美。

优秀的传统艺术职业者不仅对自己的作品具有审美意识，对自己的职业形象美也会特别关注。而对于非艺术职业者，要用心体会艺术职业者塑造艺术品外在美的心理过程，并学会将主观思想应用到更广泛的外在形象美塑造上来，通过寄予美好的情感来打造出自己大方得体、美丽优雅的职业形象美。

湘绣传递内在美 重视职业形象美

从事湘绣行业几十年的中国工艺美术大师、国家级非物质文化遗产项目湘绣代表性传承人柳建新认为，"坚持传承需要一颗坚守的心，最重要的是必须秉承工匠精神"。

1951 年，柳建新出生于号称绣女之乡的长沙县望星乡。"小时候就喜欢绣，找片树叶都要绣上几针"。对湘绣的痴迷，让柳建新几十年来一直坚持耕耘在绣架旁。"40 多年，我没停过针！""一天不挑上几针，感觉浑身难受！"一番话情真意切。长期的坚持，既让柳建新练就了一身非凡的技艺，也让柳建新在一次次比赛与活动中脱颖而出。1995 年，她的作品大型绣屏《松龄鹤寿》献礼给第四次世界妇女大会，让世界惊讶于湘女的巧手。1998 年，其作品《牡丹》获首届中国民间艺术博览会金奖。

1996 年，从湖南省湘绣研究所退休的柳建新不愿放弃自己喜爱的湘绣艺术事业，借了50 多万元在清水塘的古玩文化街，办起了长沙第一家湘绣民营企业——湘女绣庄。一个不足 10 平方米的门面，出售的大都是她一针一线亲手绣制的绣品。购买者络绎不绝，第一个月就净赚 6 万多元。

2003 年初，柳建新萌发了创作一幅以迎接 2008 年北京奥运会为题材的湘绣的念头。为此她三次赴黑龙江省扎龙自然保护区观鹤，并到全国各地收集资料。在创作过程中，她多次邀请中国工艺美术大师宋定国、著名长卷画师廖正华等对其画稿进行审核、修改。六易其稿后，柳建新才将画稿拓上绣缎。

在刺绣过程中，柳建新与 11 位刺绣专家反复揣摩针法和色调，共使用了数百种色阶丝线，运用了掺针、鳞针、羽针、施毛针、游针等多种湘绣针法，历经 3 年，施针 2.2 亿多次，终于完成这幅宏伟的湘绣长卷。之所以要以鹤为题，柳建新表示，"鹤是祥和、长寿、健美的象征，1001 只形态各异的仙鹤，寓意全国人民'万众一心'"。

功夫不负有心人。2008 年，作品《千鹤图卷》获中国传统工艺美术精品大展金奖。这部作品据专家估值，高达 2500 万元，它也成为史上最长的湘绣。

2008 年，柳建新召回在外地工作的女儿刘雅一起传承湘绣艺术。在第十一届中国工艺美术大师作品暨国际艺术精品博览会上，刘雅与母亲共同完成的鬅毛针湘绣作品《银虎》，获得"百花杯"中国工艺美术精品金奖。2013 年 6 月 11 日 17 时，母女俩共同完成的绣品《长城》和"神十"一起飞向蓝天。

湘绣创作过程是将内在美传递到外在作品形象上的过程，我们在职业领域也要像柳建新一样，用内在美的心灵去熏陶自己职业审美的外在形象。

（资料来源：根据《湖南日报》2013 年 7 月 16 日《走近大师》之二整理）

二、熏陶职业礼仪

当代礼仪的形成受历史传统、风俗习惯、宗教信仰、艺术熏陶等多种因素的影响，最终会被人们普遍认同、遵守。艺术熏陶所进行的艺术作品鉴赏，其鉴赏过程也是培养职业审美素养和习惯的过程。职业审美素养和习惯能促使人们更加细心地关注和分辨外在的、实体的美感，净化人们烦躁、矛盾的心理状态，最终使人以和谐心态与他人相处、以礼待人。一名具有较高艺术审美水平的优秀画家，他在艺术职场中也大都是一位知书达理、以礼相待的职业人。

缺乏审美力的人 缺乏礼仪感

缺乏审美力的人，给人感觉总是缺乏礼仪感。很多大学生毕业时，穿着大裤衩，趿着一双拖鞋，露出带毛的大腿，披着庄严而神圣的学士服满校园跑。

这样美吗？这样对学士服尊重吗？这样对大学、知识尊重吗？一点也不尊重！

为什么？因为没有注重礼仪感。以随意的心态，对待一件庄重的服装，这便是缺乏礼仪感的表现。

微博上有一个很火的故事。杭州一位27岁的小伙去相亲，和相亲的姑娘约会完回来，主动微信聊天，表示对对方感兴趣，但被姑娘拒绝了。拒绝的理由是，小伙子穿了一双凉鞋去相亲。

姑娘说："我精心化了妆，涂了眼影，你却穿一双凉鞋过来？是不是太过分了！"

别觉得姑娘苛刻，很多人说，嫁人，重要的是看一个人的内涵。可一个连外表都不能拾掇好的人，未必就会有内涵。

更何况，在第一次相亲约会，就如此随意，不注重礼仪，在以后的生活中，未必对你的生活用心。

我能想象到该男子穿一双凉鞋，可能搭配一条牛仔裤就来的场景。

你会随便穿双运动鞋去面试吗？一份工作尚且需要花心思打扮，整理妆容和服饰，那么，终身大事，怎么就不能多用点心准备？

也许小伙自己不觉得随意，"这就是我的生活习惯呀"，对不起，这说明你的生活中，实在是缺乏审美意识，以至于能允许自己穿凉鞋去相亲约会。

缺乏审美意识，必然缺乏礼仪感。审美力低下，不愿意改变，邋遢、混乱，那这个人的世界一定也是邋遢而混乱的。

（资料来源：Nickyniki，简书）

本章实践活动

重游博物馆宝库，发掘审美新价值

活动目标：通过活动引导学生对古代艺术品的职业审美认知，重视职业审美素养的培养。

活动内容：通过参观长沙市博物馆、湖南省博物馆、李自健艺术馆等，整理列举各类经典艺术文物的美学特点，探究艺术审美对职业审美的意义。

活动流程：

1. 每六个同学一组，组员选举组长。

2. 集体组织赴博物馆、艺术馆参观，收集经典艺术作品，分析、讨论、总结感悟。

3. 制作成PPT，在班级演讲和分享各自案例对当今职业审美的熏陶作用。

4. 教师总结、评分。

立美践行

模块三

外在美是人们通过装饰、语言和行为等，外显、散发给他人的一种客观、直观的美感。在建立了主观方面美好心灵和品格等内在美的基础上，我们可以进一步指导自己注意客观方面外在的装扮、语言及行为等，让外在美与内在美、隐性美与显性美相互和谐、统一。实际上，据研究统计，我们在给他人外在美感受的同时，外显的仪容美、语言美等也能一定程度上积极促使自己的事业更加顺利、生活更加和谐优雅。让我们通过以下几方面来认知和提升对于"赠人玫瑰，手留余香"的外在美之意义和实践。

第七章

职业仪容仪表美

学习目标

◎ 理解自然美、修饰美与内在美的关系，掌握职业仪容仪表美的原则；理解着装、仪容仪表对面试的重要性；

◎ 能合理进行面容修饰；掌握护肤技巧和发型技巧；注重形体美感；能根据面试要求进行仪容仪表修饰，提升职业素养美；

◎ 培养学生良好的职业操守、职业态度和职业行为。

微　课

第一节　　职业仪容仪表概述

一、职业仪容仪表美的内容

职业仪容仪表是一个人身处职场特定环境中，自身综合审美水平的集中体现，也是自身内在素养的真实反映。据统计，一个人给陌生人的第一印象超过一半来自于其外在仪容仪表的修饰。在职场交往过程中，你的仪容仪表会引起他人的关注并在一定程度上影响他人对自己的整体评价。职业仪容仪表的美感，具体可从以下三方面体现出来。

1. 自然美

自然美指个人生理上的先天条件较好。尽管以貌取人不合理，但天生自然的美丽相貌还是会令人赏心悦目，具有较强的职场亲和力和吸引力。

2．修饰美

修饰美指依照规范与自身条件，对仪容进行必要的、合理的修饰，扬长避短的设计、塑造出更美的外在形象。这种在职场交往中有所准备的装饰，既是自尊自爱，也是尊重他人的体现。

3．内在美

内在美指通过日常学习提高个人内在文化素养和思想道德，培养自己高雅的气质与美好的心灵，使自己秀外慧中、表里如一，散发出个人的内在魅力。

真正意义上的仪容美，应当是以上三方面的有机综合。忽略其中任何一方面，都会使仪容美表现不足。但是，内在美是最高境界，自然美是人们的心愿，修饰美则是本章内容的关注重点。要做到修饰美的提升，自然要注意修饰外在形象，要以美观、整洁、卫生、得体为基本标准。

职场交往中，人们的仪容仪表非常重要。这反映出个人的气质状态和礼仪素养，是职场交往中的"第一名片"。天生丽质的人毕竟很少，但我们却可以靠适度的修饰、服装和配饰等手段，弥补和掩盖在容貌、形体等方面的不足，在视觉上把自身较美的一面展露、衬托和强调出来，使形象得以美化。

二、职业仪容仪表美的原则

成功的职业仪容修饰，首先应遵循以下基本原则。

1．适宜性原则

要求修饰与自身性别、年龄、容貌、肤色、身材、体型、个性、气质及职业身份等相适宜、相协调。仪容修饰要因时间、地点、场合的变化而变化，使其与时间季节、环境氛围、特定场合相协调。

2．整体性原则

要求修饰先着眼于人的整体，再考虑局部，促成修饰与人自身的诸多因素协调一致，使之营造出整体风采。

3．适度性原则

修饰无论在程度、饰品数量或技巧方面，都应把握分寸，自然适度。追求虽刻意雕琢，又不露痕迹的效果。

职业仪容仪表美可以说是美好、健康的外观外貌和精神气质的综合展现。仪容装扮虽可表现自己个性，但同时也要被社会主流审美观认可。因为仪容不仅给自己欣赏，也要被大多数人所欣赏，只有被双方都认可才是真正的美。很多学生仅凭自己喜好，没有考虑他人感受，跟随模仿别人是不可取的。仪容修饰必须符合自己的年龄、身份、职业及特定场合才是真正的仪容美。

第二节 面容与化妆

在日常社交中，总体上的仪容仪表要朴实、大方、干净、整洁。一方面，衣着要大方合体、干净整洁，要让别人看到青年人身上朝气蓬勃的气质，看到学生特有的文化修养气息。另一方面，面容作为一个人散发个人魅力、体现外在美气质的"活镜子"，是需要保持一定外在美标准的：面部保持清洁，爱护牙齿。男士要注意刮胡子，修剪鼻毛。早晚刷牙、饮后漱口，保持口气清晰。勤洗澡防汗臭，上课、上班之前不吃异味食品等。

除面部的日常清洁护理外，一个人的外在美还需要精神气质的支撑，而这来源于良好的生活和作息习惯。按时休息和充足睡眠是关键，青年人使用手机和电脑的时间必须要严格控制。平时多参加户外活动或有氧运动，饮食上多吃蔬菜、水果和粗粮，少吃油炸、甜食和辛辣食物，特别是不可长期吃方便速冻和外卖食品，这样不仅对皮肤有好处，如果对肠胃的保护较好，还可提升个人的精神气质。另外，坚持适量运动、防止久坐久睡，表现出良好的精神状态，可以给他人一种年轻、开朗、活力的年轻美、气质美。

"清水出芙蓉，天然去雕饰"——塑造职业仪容美的目的是适应人的内在美而创造相应的外在美。美容化妆不是在人的脸上戴上一副粉饰"面具"，也不是像戏剧角色那样，画一个面目全非的"脸谱"，而是力求塑造一个尽可能"本色"的、趋于完美的容貌形象，使人的内在之美得到充分的外在展现。然而，有些大学生认为，既然是化妆，就要不惜脂粉，"妆"化得越浓越好，越艳越好，越时髦越好，于是刻意妆饰，结果反而掩盖了天生丽质，抹杀了青春活力，降低了自己的品位。因此，职业仪容装扮要注意淡雅自然，不要过于华丽和浓妆艳抹，奇装异服更不可取。

女生不宜化妆太浓，淡妆更使自己具有亲和力和自然美。刻意的浓妆不仅伤害皮肤，也给人一种压抑、冷漠和另类的生疏感，使人敬而远之。对于大学生来讲，平常没必要化妆，而当有重大的事情或出入比较正规的场合时可考虑化淡妆，淡妆给人以自然、含蓄、舒适、得体的感觉。人们常说"化过妆就好像没有化一样"的效果就是最高境界。尤其对于面试的大学生来讲，淡妆素抹显得非常适宜场合，因为面试大多在白天。尽量不使用闪光化妆品，不涂深红色的口红，香水喷洒要恰到好处，指甲要整洁、干净，不要涂成五颜六色。

（第三节） 护肤与发型

皮肤是一个人健康状态和精神气质的显示器，平时要注意脸部、手部皮肤的护理，根据皮肤特性选择合适的护肤或清洁用品，主要是保持皮肤清爽、滋润和健康。皮肤，尤其是面部皮肤的经常护理和保养，是实现仪容美的首要前提。健康的人，其皮肤具有光泽，柔软，细腻洁净，富有弹性；而当人处于病态或衰老的时候，其皮肤就会失去光泽、弹性，出现皱纹或色斑。对皮肤进行经常性的护理和保养有助于保持皮肤的活力。皮肤一般分三种类型：干性皮肤、中性皮肤和油性皮肤。对于不同类型的皮肤需用不同的方法加以护理和保养。

干性皮肤红白细嫩，油脂分泌较少，经不起风吹日晒，对外界的刺激十分敏感，极易出现色素沉着和皱纹。有些干性皮肤的人苦于自己的皮肤少了一份"亮光"，使劲往脸上涂抹"增亮"的油脂，殊不知此举减少了皮肤的透气性。其实对于这种皮肤，每天在洗脸的时候，可以在水中加入少许蜂蜜，湿润整个面部，用手拍干。坚持一段时间，就能改善面部肌肤状态，使其光滑细腻。

中性皮肤比较润泽细嫩，对外界的刺激不太敏感。这种皮肤比较易于护理，可以在晚上用冷水洗脸后，再用热水捂脸片刻，然后轻轻抹干。

油性皮肤肤色较深，毛孔粗大，容易油光满面，易生痤疮等皮脂性皮肤病，但适应性强，不易显皱。洗脸时可在热水中加入少许白醋，以便有效地去除皮肤上过多的皮脂、皮屑和尘埃，使皮肤富有光泽和弹性。

人的头发和脸庞是人体的制高点，很能吸引他人的注意。在社会交往中，人们之间的第一印象往往就是由人的发型和脸庞引起的。脸庞可塑性较小，若有先天的不足可能难以弥补，而发型的可塑性较大，它可以随着人们意志而改变。在当代，美发的内容主要有三项：一是头发的清洁；二是发型的选择；三是头发的颜色。

对于大学生来讲，保持头发的清洁，应当不成问题。对于发型和发色的选择，可能多少会有些争议。有同学会认为：现在的时代是追求个性、张扬个性的时代，发型和发色的选择完全可以根据自己的喜好，只要有个性，只要与众不同，只要时尚，就是美的。

其实，大学生发型、发色的选择不能仅仅考虑自己的喜好，同时还要遵循美观、大方、整洁、方便生活和学习的共性原则，另外还要考虑自身的条件如性别、发质、脸型、体型、年龄、气质以及环境等因素。发型和发色是为大学生仪容服务的，我们不主张过于时尚和庸俗的发型和发色。

男女有别。男生发型女性化，女生发型男性化，都不能产生十足的美感。一般来讲，女生发型的选择受性别因素的影响较小，发型选择的空间较大；男生发型的选择受性别因素的影响较大，其中最为典型的表现就是：头发不宜过长，一般以 5～6 厘米较好，头发过长，会给人一种不够干净利索的感觉。

个性、气质不同，所选发型也不能干篇一律。举止端庄稳重的人，宜选择朴素、自然、大方的发型；性格开朗直爽的人，宜选择线条明快、造型简洁、体现个性特点的发型；潇洒奔放的人，宜选择豪爽浪漫的发型。

选择发型要与自己的学生身份相适应。随着大学开放程度的提高，社会上的时尚之风时时刮进大学校园。在大学校园里也出现了长发的男生，尤其是"标新立异"的男生很可能成为所谓的"偶像"，似乎只有把头发留得长长的，才"帅气时尚"；而当社会上有头发彩妆时，大学校园里也出现了五颜六色的脑袋。这其实都是不可取的做法，不仅对头发的损伤很大，而且破坏了大学生的青春活力，对自己应聘求职和师生印象都造成不良的影响。

第四节　着装与面试

一、日常着装的原则

着装离不开服饰。服饰是服装和饰品的统称，具体包括帽子、围巾、领带、腰带、纽扣、鞋、袜子及手套、拎包、伞及其他饰品等，此外，衣服上的装饰图案和花纹也包括在内。服饰是一种无声的语言，表达着一个人的社会地位、文化品位、审美意识及生活态度，已成为人的仪表的重要组成部分。雅致端庄的着装表示对他人的尊敬，邋遢不洁的着装则是一种不自重的行为。

正如莎士比亚所说的"服饰往往可以表现人格。"为此，在社会交往中，大学生对服饰穿着应当敏感，尤其是与陌生人初次见面时，更应当十分注意，需刻意"装扮"一番，因为初次交往，人们往往"以貌取人"。一个人如果只有优美的仪容、健美的形体，而没有合体的、色彩搭配协调的服饰，则不会有美的形象。

"美是一种创造"，恰到好处的服饰能创造美，但并非任何服饰在任何人身上都能产生美感。事实证明，服饰只有与穿着者的体形、气质、个性、身份、年龄、职业及穿戴的环境、时间协调一致，才能真正达到美的境界。

对于在校大学生来说，虽然也是成人的年纪，但在穿着上不能过于浮夸或者成熟，这样就失去了学生的气质。现在随着网购的发展，在校大学生的穿着各有不同，但作为学生还是应该保持简洁、朴实的穿着风格，毕竟属于自己的青春年华，还是要有一个过渡的过程，这样才会让自己的校园生活更加多姿多彩。大学生着装的主要参考标准有以下几点。

（1）根据自己的身型选择衣服。在校学生在选择衣服时，穿着得体才是最重要的，只有根据自己的身型选择服装，看起来才会更加精神。

（2）从舒适度考虑。作为在校学生，最好不要以时尚、炫酷、名牌作为唯一着装标准，应该以穿着舒服、健康和整洁为首要需求，让他人看着舒服才是最合适的穿搭。

（3）保持简单原则。有时我们发现最经典，或最让人舒服的穿搭，其实就是简单，越简单的搭配，会越让人感觉舒适、清爽、精神和年轻。

（4）应避免过多色彩。不管是男生还是女生，在穿衣色彩上不要过多，最好保持三种颜色以内，这样才会给人一种比较舒适的视觉感受。

（5）坚持休闲为主。大学生主要任务还是学业，因此，以休闲的服装为主，这样才能够呈现青春气息，而且看起来也不违背学生的身份，为自己留下校园生活的宝贵回忆。

二、面试着装的原则

面试时，据有关专家研究表明：第一印象由 55% 穿着和化妆、38% 行为举止及 7% 谈话内容构成。恰当的服饰搭配会给人留下明快、干练、庄重的良好印象。虽然一个工作人选的最后决定很少会取决于该人的服饰，但是第一轮的面试中很多人被淘汰是因为他们穿着不得体。因此，学生在应聘时要特别注意自己的服装与化妆问题。

（1）着装是为了表达一种气质，而微笑是自信的第一步，也能消除紧张感。初次求职或刚出校门，可能羞涩，但却不能邋遢，更不能苦着一张脸，否则难以给人留下最佳印象，导致错失工作机会。

（2）剪裁合适、简单大方的套装，比两件式上下身搭配或洋装更能体现庄重感与专业性。女士下身应以裙装为主，如穿长裤，应选择质地柔软、剪裁合体的西装裤。

（3）套装、西装颜色以中性为主，避免夸张、刺眼的颜色。在选择面试服装时要遵循"简单就是美"的职场着装原则。在服装色彩方面讲究"三色原则"，全身服装及鞋、包的色彩要控制在三色以内，最好以黑、白、灰、蓝、咖啡为主，太过花哨可能会引起面试官的反感。以自己的"肤色属性"为前提（也就是选择适合自己皮肤色调的色彩），能让人看到你精力充沛、容光焕发、神采奕奕的清新形象。男士可视场合的重要程度系领带，领带的系法较多，可在日常多加练习。

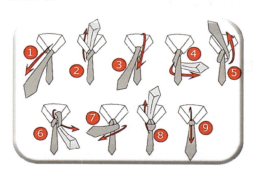

领带的系法之一

（4）避免背心、迷你裙等性感裸露的装扮，以免给人轻佻、浮躁、俗气的印象，女生裙长应盖住大腿的三分之二。

（5）不能穿露出脚趾的凉鞋，宜穿素色素面的皮鞋。同时，自然抬头挺胸，精神饱满，不卑不亢。

（6）配饰宜简洁高雅。佩戴造型过于夸张、会叮当作响的饰品，会给人以庸俗、轻浮、吵闹的不良印象。

（7）简单的化妆也是完全有必要的。这不仅可以增强自信，还是一种对自己、对他人的尊重。面试前要注意头部、手部卫生，选择合适的发型并保持口气清新。女性可选择淡雅装扮，切勿浓妆艳抹，不宜当面补妆，不使用味道过浓的香水。

面试着装

（8）注重细节，如鞋子是否残留灰尘等，这都是个人素养的细节体现。

（9）可带手提包、公文包、书包或文件夹，尽量把简历、化妆品、文具等置于包内。手里又提又拿会给人凌乱、急躁、办事马虎的印象。

第五节　职场形体

一、形体美的概述

形体是人们面对面接触时，通过身体姿态、举止动作，配合语言表情和服装配饰所综合展示出来的一种客观感受。良好的形体表达的是一种礼仪、一种人体美，更是一种良好教养的表现。日常生活中的形体主要通过站姿、坐姿、蹲姿、行走等展现出来，这些看似平常的举动如果放在特殊场合就可以传达特殊的含义。通过一定的模仿、练习和体会，形体美能成为表达自己外在美的重要途径，能够使一个人更受欢迎、更有亲和力。另外，形体美的主体不单单针对女性，男性的形体动作也可以体现出一种教养、风度和美感。

有些职业或特殊场合对形体美的外在表现有严格的要求。在一些特殊职业中，例如航空公司乘务员、颁奖仪式礼仪人员、酒店接待服务人员、服装展示模特等用形体语言来展示一种职业的特殊美感；在一些特殊的场合中，例如，签约仪式、求职面试、婚礼仪式、外宾接待等，良好的形体礼仪是每个参与者对仪式和交流者的尊重，是对特殊场合氛围的尊重和配合，体现了一个人深厚的礼仪教养，散发出与场合相映衬的外在美感。另外，在日常生活中，一个人的站姿、坐姿、行走等是否精神、文雅，也是形体美表现的渠道。他人基于仪容仪表和语言表达后的第三美感，就来自于形体行为的外在表现。

二、形体美的益处

日常生活中，体型优美、动作优雅的人总是受人欢迎，让人羡慕，其实不仅中国社会的传统观念对站、立、行有固定的审美和偏好，形体美本身也有很多对人心理、生理健康有益的地方。

一方面，通过矫正错误的形体，比如驼背、弯腰、跷二郎腿等，可以保证骨骼肌肉的正常发育。同时，可使一个人精神状态保持集中、敏感和专注。我们看到的军人，虽然退役多年，依然保持良好的体型、精神面貌和健康体质，这源于部队训练中对形体姿态的长期巩固。这些都是形体美能够促进人体骨骼肌肉正常发育、精神状态改善的益处。另一方面，形体美还可以使人更加自信，为面试、表演或运动比赛等增添个人魅力，能让对方通过形体美感受到一种尊重，间接使自己更加自信地完成工作。

三、形体美的标准

在很多服务行业的标准形体美中，航空公司乘务员——空姐，是经常让人感受到形体美的"天使代言人"。她们用优雅的动作、靓丽的外形、动听的声音为乘客提供温馨的服务，使人感受到服务过程中透露的一种形体之美。

空姐的形体训练标准有严格的要求，是其职业培训的必修课和上岗的合格证。我们对形体美的鉴赏和模仿可以参考这些标准，引导自己在生活中改善形体，特别要注意在特殊场合采用相适应的形体美。空中乘务员包含空姐和安保人员，其主要形体标准和要求如下。

1. 站姿美的标准

最容易表现姿势特征的是人处于站立时的姿势。标准的站姿，上身要挺直，头要摆正，目光平视，将下颌微微收回，面带微笑，至于挺胸收腹自然是任何时候都应该注意的。站姿大致有四种：侧放式、前腹式、后背式和丁字步。一般来说男士可以采取双腿分开与肩同宽的姿势，双手置于身体两侧，或相握于身后（一只手握住另一只手腕）；而女士则可以双脚呈丁字步站立，双手交叉轻握悬垂于身前，如长时间与人交谈，则可微微提起双手交握于胸前。无论男士还是女士，应尽量避免含胸低头或高昂着头。另外，两只手插在裤子口袋里也是不雅观的举动。男士可以一只手插进裤子口袋，而女士着职业装时绝对不能将手放进口袋。此外还应注意，身体倚靠墙壁、柱子或桌子会给人以懈怠懒散的感觉。

正面站姿

侧面站姿

2. 蹲姿美的标准

若要拿取地上物品，站在其旁边蹲下屈膝拿，抬头挺胸，再慢慢将腰部放下，两腿合力支撑身体，掌握身体重心，臀部向下。蹲下时保持上身挺拔，神情自然。

蹲姿主要包括交叉式（右前左后，重叠，合力支撑身体，双腿交叉在一起）、高低式（左前右后，不重叠，右腿支撑身体，双膝一高一低）。另外，还有半蹲式（左前右后，不重叠，左腿支撑身体，半立半蹲）、半跪式（右前左后，身体重心在右腿，一蹲一跪，女士穿超短裙时适用）。禁忌：突然下蹲、离人过近、毫无遮掩，或在不合适的地方蹲着休息。

女性蹲姿

3. 坐姿美的标准

女士坐姿应膝盖并拢，永远都不能分开双腿，这体现了女性修养。腰脊挺直，双手自然相叠放在单腿上，背部直立不可完全倚靠椅子，坐满椅子 2/3 即可。应从座位左侧入座，具体是先退半步用一只手整理裙子，然后坐下把双手放单条腿上，动作轻盈协调，不能露出大腿。若坐时间较长且在非正式场合才可短暂跷腿，平时要斜放双腿。另外，有些餐厅、酒吧、首饰店、银行有高脚椅，坐时应单脚落地，尽量不把两腿蜷缩在椅子上，女性双腿仍不分开。

女性坐姿

男士坐下时，要挺直脊背使身体重心下垂，两腿与肩部同宽，双手可自然地放在双腿上。与人交谈或做会议发言时，不要坐满整个椅子，让臀部与椅背略有空隙，大腿和小腿成 90°，表现出男性的干练和自信。不能把小腿交叉蜷缩在椅下，显得姿态窝囊。

男性坐姿

有几点应注意：任何时候都不能抖腿、大幅度跷腿、用一只脚在地上打拍子或者双腿分开太大；女士坐姿要求两膝不分开，即使想跷腿，两腿也要紧贴。与他人一起入座时，要分清尊次，请对方先入座。一般讲究左进左出，这是"以右为尊"的具体体现。不要在别人面前就座时仰头、低头、歪头、扭头等，和对方交谈时可面向正前方或面部侧向对方，但不能把后脑勺朝向对方。

4．走姿美的标准

人的走姿可以传递出很多种情绪，比如愉快、沮丧、热情，或懒散、懈怠等。正确的走姿要注意以下几点。

行走时，上身应保持挺拔的身姿，双肩保持平稳，双臂自然摆动，幅度以手臂距离身体 30～40 厘米为宜。腿部应是大腿带动小腿，脚跟先着地，保持步态平稳。步伐均匀、节奏流畅会使人显得精神饱满、神采奕奕。步幅的大小应根据身高、着装与场合的不同而有所调整。女性在穿裙装、旗袍或高跟鞋时，步幅应小一些；相反，穿休闲长裤时步伐就可以大些，凸显穿着者的靓丽与活泼。女性在穿高跟鞋时尤其要注意膝关节的挺直，否则会给人"登山步"的感觉，有失美观。

男性也应该注意自己的形体动作，展现出积极、精神和绅士的形体美。一方面，要加强健美锻炼。男性外在美除遗传、营养因素外，关键在于经常性的健美锻炼，向"运动型"体格发展，这是最能体现男性形体美的基础，标准是体格匀称、肌肉发达。另一方面要注意举止端庄。男性与女性一样要举止端庄，立、行、坐、卧、握手、语言、气质、礼貌、修养、接人、待物等很多方面都要养成举止端庄、行动文雅的绅士习惯，特别注意不要形成驼背的坏习惯，要时刻做到挺腰收腹，塑造一个风度翩翩的男性形象。

形体礼仪

本章实践活动

职场仪容仪表设计比赛

活动目标： 通过活动引导学生对职场仪容仪表装扮的设计理念，提升外在美感。

活动内容： 主要通过面试案例，指导学生合理搭配不同服饰、配饰，以及对面容、发型进行设计与装扮，由教师讲解优缺点及注意事项。

活动流程：

1. 每十个同学一组，每组尽量男女比例相同。

2. 每组选取男女模特各一人，针对教师的面试要求，集体分工给模特搭配服饰、简单化妆及设计发型，需符合职场审美（也可由教师提供模特给学生点评）。

3. 每组选取发言人一人，配合模特展示本小组设计理念和外在形象。

4. 教师综合评分、点评各组优缺点。

第八章

职业语言美

微 课

学习目标

◎ 掌握求职面试用语，职场交际用语，日常社交用语；

◎ 能运用求职面试用语、职场交际用语、日常社交用语，提升
  职业素养外在美；

◎ 培养学生良好的职业操守、职业态度、职业行为。

语言是人类沟通的重要工具，也是一门交往的艺术。它不仅能传递知识、信息，还承载着人类特有的修养之美、礼仪之美。语言美更是中华民族的传统美德。语言表达美是指用礼貌、规范、平等、适合场景和对象的语言文字来表达自己和互相沟通，这种方式能让对方感受到说话者的个人修养和文化素质，是其内心美重要的外显形式。

如今，互联网交流非常方便，但却隔离了人与人面对面进行语言沟通的丰富场景。很多年轻人语言表达的基本能力、礼仪规范和沟通技巧等，都不断被互联网交流所弱化、异化。一方面，沟通表达时可能词汇匮乏、逻辑混乱；另一方面，网络用语的不当使用经常让沟通对象感到尴尬、反感和迷惑。这些都让年轻人适应职场交往、生活社交的综合能力和文化素养变弱，更谈不上个人修养下的语言表达之美。

具体来说，身处不同场合、面对不同对象，本应用恰当的语言来表达自己、互相沟通，但有些人在表达自己时缺乏逻辑，在问候他人时张冠李戴，在互相交流时咄咄逼人，甚至不分场合、不分对象的频繁使用网络用语。例如，某学生在与老师的沟通中使用"你"而不是"您"，在与长辈沟通中经常使用网络用语"真香""稀饭"等。这些不合常理、缺乏语言美的场景，在说话者心里可能完全没有意识到，但实际上听者心中已开始反感、失望

和迷惑。换位思考，说话者将来也会变为倾听者，那时的你希望对方带给你同样的"语言之伤"吗？

其实，除少数人由于先天生理原因导致语言能力受限外，绝大部分人都是由于思想上不重视语言表达美、缺乏语言沟通技巧和实践环境锻炼等而造成语言美缺失。另外，互联网文化对年轻人的思想冲击更加剧了他们语言表达方式的混乱。

首先，我们要在观念上重视语言表达礼仪之美。了解中华传统文化对语言美的诠释，认识到语言不仅是生活交流工具，在面试问答、职场交际、社交礼仪等重要场合更是有着不可替代的重要地位。其次，要学习一些基本的语言表达和沟通技巧，包括语气、用词和表情等，使自己心中有数。最后，我们要自觉、大胆、机智地去锻炼自己语言表达的实践能力，虚心接受他人的合理建议，不断完善自己的语言表达之美。

本章主要以下列三大语言环境为案例，学习、实践怎么去把握职业语言之美。

第一节　求职面试用语

在面试过程中，语言作为一种最基本的媒体形式，包括了听话和说话两方面，在很大程度上关系到面试行为的成败。所以必须注重礼貌谈吐，遵守语言的规范，讲究说话的艺术，做到语言表达美。

1. 口齿清晰，语言流利，文雅大方

交谈时要注意发音准确，吐字清晰。还要注意控制说话的速度，以免磕磕绊绊，影响语言的流畅。为了增添语言的魅力，应注意修辞美妙，忌用口头禅、语气词、网络用语和中外语言混用，更不能有不文明的语言。

2. 语气平和，语调恰当，音量适中

面试时要注意语言、语调、语气的正确运用。打招呼时宜用上语调，加重语气并带拖音，以引起对方的注意。自我介绍时，最好用平缓的陈述语气，不宜使用感叹语气或祈使句。声音过大令人厌烦，声音过小则难以听清。音量的大小要根据面试现场情况而定。两人面谈且距离较近时声音不宜过大，群体面试而且场地开阔时声音不宜过小，以每位面试官都能听清你的讲话为原则。

3. 语言适当含蓄、机智、幽默

说话时除表达清晰以外，适当的时候可以插进幽默的语言，给谈话增加轻松愉快的气氛，也可以展示自己从容的风度。尤其是当遇到难以回答的问题时，机智幽默的语言会显示自己的聪明智慧，有助于化险为夷，并给人以良好的印象。

4. 注意听者的反应

求职面试不同于演讲，而是更接近于一般的交谈。交谈中，应随时注意听者的反应。比如，听者心不在焉，可能表示他对自己这段话没有兴趣，你得设法转移话题；侧耳倾听，可能说明由于自己音量过小使对方难以听清；皱眉、摆头可能表示自己言语有不当之处。根据对方的这些反应，要适时地调整自己的语言、语调、语气、音量、修辞，包括陈述内容，这样才能取得良好的面试效果。

很多面试者对自己语言的感受是纯粹自我的主观感受，建议面试前可以录下自己声音倾听一次，或者找亲友模拟一次，以双方感受皆为良好为标准。

面试自我介绍

第二节　职场交际用语

职场是每个步入社会的毕业生为之奋斗数十年的舞台，这是一个人际关系、利益关系都比校园环境更加复杂多变的交际舞台。不同行业、不同岗位、不同级别的职场人士，都会拥有自己的职场交际圈，都要面对同事、领导、商业伙伴、服务对象等人员。职场交际用语就是指发生在工作时间中的，与这类业务往来人士开展沟通的语言文字，它能促进工作信息传达、团队组织协作和同事关系和谐等。职场人际关系是现代社会关系的重要组成部分，良好的人际交往和职场沟通能力是当代职场人初入社会的必备素质，也是团队工作效率提升的关键因素。

在职场的交际用语中，我们可以参考以下几点技巧，在提升自己的沟通能力的同时，赢得同事的尊重、友爱和赞美，展现自己在职场上的语言表达美，更能使自己的职业生涯更加顺利。

1. 学会尊重谅解

在工作环境的交谈沟通过程中，只有尊重对方、理解对方，才能用语言赢得对方情感上的信任，从而同等地获得对方的尊重和信任。职场沟通的对象不是家庭成员，也不是同窗同学，互相之间的职场关系比亲友关系更加正式和严肃。在职场交谈之前，应了解对方心理状态，考虑和选择令对方容易接受的语气和用词；了解对方讲话的习惯、文化程度、工作及生活阅历等对交谈效率有很大影响，只有开口前多准备，才能知道如何用尊重的语言来沟通。

另外，交谈时应当意识到，说和听是相互的、平等的，双方发言时都要掌握各自所占用的时间，不要出现一方独霸的局面。很多时候，职场上说话要有"赠人玫瑰，手留余香"的心理境界，学会谅解对方语言上由于紧张、陌生和沟通障碍带来的误会，建立良好的职场人际关系。

2. 善于肯定赞美

在职场交流过程中，当双方观点类似或基本一致时，交流者应迅速抓住时机，用溢美的言辞中肯地肯定这些共同点。赞同、肯定的语言在交谈中常常会产生异乎寻常的积极作用。当交谈一方适时中肯地确认另一方的观点之后，会使整个交谈气氛变得活跃、和谐，陌生的双方从众多差异中开始产生一致感，进而拉近心理距离。当对方赞同或肯定自己的意见和观点时，自己应以动作、语言进行反馈交流。这种有来有往的双向交流，易于双方感情融洽，从而为达成一致、建立信任奠定良好基础。

3. 态度亲和，语言得体

职场交谈时要自然、自信，态度谦和，注意对待不同级别领导、同级别同事或下属人员的语言表达要得体。与领导沟通时要注意认真聆听、做好记录、以谦逊的语气回答，语言交流过程中手势不要过多，谈话距离要适当，不宜与年龄较大领导使用过多口语、网络用语、中文外文混合用语等。与同级别同事、下属员工交流要用友善、包容的语气，不用严厉、冷漠的语言。

对自己较为熟悉的同事、领导和外部门、外单位陌生的同行或客户，注意使用不同语言风格。较为熟悉的人可稍微口语化或带幽默感，但较为陌生的工作上需要交流的人，要用较为礼貌、严肃和简洁的语言风格，因为此时的语言素养可能代表自己的所在部门、所在单位的整体对外形象，况且初次与工作上交往的人沟通更要留下专业、礼貌的好印象，因此切记不可情绪化、口语化的对待首次接触的外部门、外单位人员。

另外，职场中由于领导、同事、客户等来自五湖四海，应尽量使用标准普通话交流，不宜使用方言、少数民族语言等。外资企业、外语教育、少数民族文化交流等特殊工作，可按需要部分或全部使用中国非官方语言。

4．注意语速、语调和音量

在交谈中语速、语调和音量对意思的表达有比较大的影响。交谈中陈述意见时要尽量做到平稳中速。在特定的场合下，可以通过改变语速来引起对方注意，加强表达的效果。一般问题的阐述应使用正常的语调，保持能让对方清晰听见而不引起反感的高低适中的音量。

5．职场电话交流要点

电话铃响后应及时拿起电话，不带任何个人情绪地礼貌接听，以免对方事情紧急，令对方产生焦虑情绪。电话铃声在响过两声之后接听较合适，如果电话相距较远或因其他事情未能及时接听，拿起电话后应先致歉。

电话交流过程中，自己遇到咳嗽、打哈欠、周围吵闹等异响时，注意尽量不要让对方听到。电话语言交流过程中的其他注意事项，可参考日常面对面职场语言交流规范。与他人电话交谈临近结束时，一般遵循"谁先拨打、谁先挂断"的原则，但接听上级领导、重要客户的电话时，如果自己先挂断电话一般认为是不尊重对方的表现，会留下急躁的不良印象。

商务电话沟通礼仪

第三节　日常社交用语

生活中日常社交用语的使用没有面试、职场那样固定的表达对象限制，也没有面试、职场那样严格的语言环境约束。虽然它面对不固定的交流对象和多变的、非正式的生活场景，但也需要继承中华民族传统礼仪之美的用语习惯，这也是个人内在美通过语言表达后，在更加广泛的社会舞台上展现语言外在美的关键。

我们主要要学会敬语、谦语、雅语在日常社交中的运用。

1. 敬语

敬语亦称"敬辞",与"谦语"相对,是表示尊敬礼貌的词语。除了礼貌上的必须外,多使用敬语还可体现一个人的文化修养。敬语的运用场合主要包括:

第一,比较正规的社交场合。

第二,与师长或身份、地位较高的人进行交谈。

第三,与人初次打交道或会见不太熟悉的人。

第四,会议、谈判等公务场合。

常用敬语:日常使用的"请"字,第二人称中的"您"字,代词"阁下""尊夫人""贵方"等;另外,还有一些常用的用法,如初次见面称"久仰",很久不见称"久违",请人批评称"请教",请人原谅称"包涵",麻烦别人称"打扰",托人办事称"拜托",赞人见解称"高见"等。

2. 谦语

谦语亦称"谦辞",与"敬语"相对,是向人表示谦恭和自谦的一种词语。谦语最常用的用法是在别人面前谦称自己和自己的亲属。例如,称自己为"愚",称家人为"家严、家慈、家兄、家嫂"等。自谦和敬人,是一个不可分割的统一体。尽管日常生活中谦语使用不多,但其精神无处不在。只要在日常用语中表现出自己的谦虚和恳切,别人自然也会尊重你。

3. 雅语

雅语是指一些比较文雅的词语。雅语常常在一些正规的场合及一些有长辈和女性在场的情况下,被用来替代那些比较随便,甚至粗俗的话语。多使用雅语,能体现出一个人的文化素养及尊重他人的个人素质。招待客人时,用茶招待应该说"请用茶",如果用点心招待,可以说"请用一些茶点"。假如你先于别人结束用餐,你应该向其他人打招呼说"请大家慢用"。雅语的使用不是机械的、固定的。只要你的言谈举止彬彬有礼,人们就会对你的修养留下深刻的印象。只要大家注意使用雅语,必然会对形成文明、高尚的社会风气大有益处,并对我国整体民族素质的提高有所帮助。

生活礼貌用语

本章实践活动

职场面试模拟比赛

活动目标：通过活动引导学生提高职场面试语言表达、沟通理解综合应对能力。

活动内容：主要通过企业面试现场模拟，由老师担任面试官考核学生面试全流程的语言表达、沟通理解与情绪控制等，由教师讲解优缺点及注意事项。

活动流程：

1. 每十个同学一组，每组设置相同的结构化面试题和企业、职位背景。

2. 每组派代表在教师题库抽签（教师先准备题库及公布面试官人数）。

3. 每组面试学生轮流进入考场，候考学生不得携带手机。

4. 教师综合点评、重点点评各学生语言表达方面的优缺点并评分。

第九章

职业礼仪美

学习目标

◎ 了解商务往来礼仪；

◎ 掌握商务介绍、名片、握手礼仪规范；掌握商务用餐、敬酒、
  涉外礼仪规范，提升职业素养外在美；

◎ 培养学生良好的职业操守、职业态度、职业行为。

微 课

　　职业礼仪，通常指的是礼仪在职业行为之内的具体运用，泛指职场社交行为间一种约定成俗的礼仪；亦指职业人群在自己的工作岗位上所应严格遵守的行为规范。一个成熟、成功的职场人士大都重视职场礼仪的基本规范，这是个人素养的体现、事业成功的保障，也是一种在职场这种特殊交际环境下仪容仪表、语言表达和体态行为的综合外在表现。本章从以下几个典型方面讲解职业礼仪美存在的几个重要场合：职场往来、职场用餐、职场接待和涉外交往。职业礼仪注重细节的环节很多，本文仅介绍基本要点，其他细节可在实践中多加学习和锻炼。

第一节　　插花与茶艺

　　职业仪容仪表美和语言美主要体现于个人的精神面貌与良好素养，而插花和茶艺则是依托于美的事物来展现自然审美和传统礼仪的艺术形式。对于职场人士来说，这种艺术形式不仅可以缓解职场压力、增添生活情趣，更是融洽职场礼仪关系、提升职业礼仪美的良好途径。

一、学习插花艺术、感受生活之美

插花指将剪切下来的植物的枝、叶、花、果作为素材，经过一定技术处理（修剪、整枝、弯曲等）和艺术加工（构思、造型、设色等），重新组合成一件精制完美、富有诗意、能再现大自然美和生活美的花卉作品的艺术形式。

一草一木总关情。传统的中国文人善于借草木抒发心志，以花枝表达灵韵，从一花一叶中体悟世间万象。中国插花艺术的产生和发展与整个中华民族的哲学思想、文化艺术、生产技术、生活方式密切相关。中国传统插花艺术，受儒家思想、道家思想、佛教的影响，富有中国人特有的审美情趣，认为万物有灵性，因而常把无语无义的花草根据其生活习性，赋予人的感情和生命力。

插花可分为礼仪插花和艺术插花。礼仪插花是指用于社交、婚丧等场合具有特定用途的插花。它可以传达友情、亲情、爱情，可以表达欢迎、敬重、庆贺、慰问、哀悼等，形式常常较为固定和简单。艺术插花是指无特别的要求具备社交礼仪方面的使用功能，主要用来供艺术欣赏和美化环境的一类插花。

艺术插花

1. 插花的益处

一是陶冶性情。插花是一种很好的修身养性之道，插花时讲求心平气和、神态专注、举止文明优雅，要用审美、积极、阳光的"心"与花对话。

二是提高精神文化和艺术修养。插花艺术注重画面完整统一并且要与环境和谐，讲求诗、书、画、印与花的协调结合是中国传统插花又一重要的特点与风格，体现了传统插花不仅是与书、画密切关联的多学科艺术，而且也是融生活于一体，充满生活气息的艺术。

三是美化环境，增添情趣。花艺作品不论放在哪里都是合适的，在家庭环境中，书房、客厅、卧室无一不是花艺放置的好地方，好的插花作品可以净化家居环境，花艺的空间效果能够愉悦人们的心情。

四是增加友谊，改善人际关系。花是传递和平、友谊的使者，赠送一个制作精美的花篮、花束的插花作品，可以增进友谊，加深情感，表达敬意。

2. 插花的技巧

一要高低错落。花材设计应有立体空间构成表现，即要求在多维空间用点、线、面等造型要素进行有层次的位置经营，上下、左右、前后层次分明而又趋向统一，力求避免主要花朵在同一水平线或同一垂直线上。

二要疏密有致。花材在安排中应有疏有密，自然变化。画论说：疏可走马，密不透风，疏如晨星，密若潭雨，疏密相间，错落有致。一般作品重心处要密，远离作品重心处要疏。作品中要留空白，有疏密对比，不要全部插满。

三要虚实结合，以实隐虚，以虚生境，衬材与主花相辉映。虚实结合有不同的理解，可以指视觉范围内的有形之景为实，思维想象之处为虚，也可以指花为实，叶为虚。中国绘画时的留白即是实中留虚的处理手法，这种处理应用于插花不仅可使人产生空灵玄妙的艺术感观，还可增强植物疏密对比的层次感，凸显立体美感。

四要仰俯呼应。无论是单体作品还是组合作品，都应该表现出它的整体性和均衡感，花材要围绕重心顾盼呼应，既要反映作品的整体性，又要保持作品的均衡性。花材围绕重心顾盼呼应，就能形成一体，花材的仰俯呼应能把观众视线引向重心，产生稳定感。

五要上轻下重。花材本无轻重之分，只是因质地、形态和色彩的差异造成心理上的轻重感。质地、外形相似的花材组合在一起，较易取得协调，在此基础上将不同色彩的花材配合也可以获得绚丽多彩又协调统一的效果。一般形态小的、质地轻的、色彩淡的，在上或外，反之要插在重心附近，使作品保持重心平稳。

3. 插花之鉴赏

插花作品是人们喜爱的审美对象，即便是不会插花的人，也会对插花作品给予很高的评价。一个好的插花作品不仅可以表达作者的审美意境和审美情趣，还会感染其他人，产生审美现象和审美联想。插花作品制作过程和欣赏过程实际上是人们的审美过程，插花作品可以表达与升华人类对物质生命的本质认识。插花鉴赏有层次性，原因主要是因为审美差异，包括民族文化、知识结构及审美情趣等，简单地归纳为三个层次。

第一层次是感性愉悦。对插花作品产生感性愉悦，以直觉为主要特征，是欣赏者在与插花作品的直接接触中，唤起的感官满足与心情喜悦。绝大部分喜爱插花的人都能够达到这一层次，此阶段也称为"观"，看起来满足了感官需求，其实是人类在长期社会实践中，逐步积淀，趋向完美的自然行为。

第二层次是理性思索。在对插花作品能够产生感性愉悦的欣赏者中，有些可上升到理性层次，也有人把理性思考称为"品"，品是细致的辨别，许多插花作品具有耐人寻味的内涵，但由于插花作品外在的形式美比较强烈，使不少人忽略了作品的内在意蕴，因此对插花作品的欣赏上升不到理性层次。

第三层次是自我升华。通过对作品欣赏产生精神上的飞跃与个性完善的动力，是欣赏插花作品的最高层次，有人把这种升华称为"悟"。悟就是领会、觉醒、明白。这种感觉是欣赏者与插花作品相融和谐的高度一致，这种美感不是单纯的感官愉悦，而是对高尚情操的领会和审美意境的进入。

插花之美

二、学习传统茶艺、体会国粹之美

茶艺，萌芽于唐，发扬于宋，改革于明，极盛于清，可谓历史悠久。简单来说，茶艺包括茶叶品评技法、艺术操作手段鉴赏、品茶美好环境的领略等品茶过程的美好意境，其过程体现了形式和精神的相互统一，是饮茶活动过程中形成的综合美感现象。茶本来就是中华之国饮，茶艺也是中国国粹的代名词、国家级非物质文化遗产。品茶者在欣赏茶水制作的特殊行为美中，能使自己的心境充分融入这种立体的茶之美中：泡茶的动作、声音、气味，多种感官的美刺激着观众的美感神经，也熏陶着制茶人自己的身心。

1. 茶艺的分类

按照茶艺的表现形式，中国茶艺可分为四大类。

表演型茶艺：指一个或多个茶艺师为众人演示泡茶技巧，其主要功能是聚焦传媒，吸引大众，宣传普及茶文化，推广茶知识。

待客型茶艺：指由一名主泡茶艺师与客人围桌而坐，一同赏茶鉴水，闻香品茗。在场的每一个人都是茶艺的参与者，而非旁观者。

营销型茶艺：指通过茶艺来促销茶叶、茶具。这类茶艺是最受茶厂、茶庄、茶馆欢迎的一种茶艺。

养生型茶艺：包括传统养生茶艺和现代养生茶艺，提倡自泡、自斟、自饮、自得其乐，越来越受大众的欢迎。

2. 泡茶的流程

（1）温具。用沸水冲淋所有茶具，随后将茶壶、茶杯沥干。温具的目的是提高茶具温度，使茶具温度相对稳定，同时还起到清洁的作用。

（2）置茶。向泡茶的壶（杯）里置入一定量的茶叶，茶叶的用量随不同品种茶叶而不同，也可随个人喜好确定用量。

（3）冲泡。置茶后，将开水冲入壶中，通常以冲八分满为宜，冲泡时间一般为5分钟左右，冲泡次数越多，浸泡时间越长。这是茶艺表演的关键和高潮，开水与茶叶相融，散发出静谧、优美的茶香。

（4）倒茶。冲泡好的茶应先倒进茶海里，然后再从茶海倒进客人的茶杯中。

（5）奉茶。需用茶盘托着送给客人，放于客人右手前方，请客人品茶。

（6）品茶。茶泡好之后不可急于饮用，而是应该先观色察形，接着端杯闻香，再啜汤赏味。

另外，传统的茶具包括泡茶器（茶壶、盖碗、盏等），煮水器（铁壶、泥壶、炉、随手泡等），茶道配件（茶夹、茶刀、茶荷、茶针等），辅助用具（水方、杯托、垫布、盖置、壶承、茶巾等），茶叶罐，茶海，茶虑，茶盘等。表演者服饰应具有民族特色，如选择旗袍、棉麻类衣服等。

3. 茶艺的内涵

茶艺是"茶"和"艺"的有机结合，是茶人把人们日常饮茶的习惯，根据茶道规则，通过艺术加工，向饮茶人和宾客展现茶的冲、泡、饮技巧，把日常的饮茶引向艺术化，提升了品饮的境界，赋予茶以更强的灵性和美感。

茶艺是一种生活艺术。茶艺多姿多彩，充满生活情趣，对于丰富人们的生活，提高生活品位，是一种积极的方式。

茶艺是一种舞台艺术。要展现茶艺的魅力，需要借助人物、道具、舞台、灯光、音响、字画、花草等的密切配合及合理编排，给饮茶人以高尚、美好的享受，给表演带来活力。

茶艺是一种人生艺术。人生如茶，在紧张繁忙的工作和生活中，泡出一壶好茶，细细品味，通过品茶进入内心修养的过程，感悟苦辣酸甜的人生，使心灵得到净化。

茶艺是一种文化。茶艺在融合中华民族优秀文化的基础上又广泛吸收和借鉴了其他艺术形式，并扩展到文学、艺术等领域，形成了具有浓厚民族特色的中华茶文化。

4. 茶艺的审美

茶艺是源于生活但已艺术化了的概念。它既指冲泡技艺的审美要求，也包括整个饮茶过程的美学意境。它是茶文化哲学层面的、观念层面的一种外在表现形式，而且这种表现形式是外在与内在的一致与和谐。

在茶艺表演活动中，茶艺师与品饮者共处在同一审美活动中，通过茶艺解说员，将茶艺表演行为艺术潜隐的茶道精神用艺术化的语言传达给品饮者，在这一审美过程中，茶艺师们富含文化象征意义的行为艺术给品饮者的是听觉、视觉的享受。

在茶艺表演过程中，茶艺师的动作、布景是一种无声语言，这种语言表达秉承中国茶道"和""敬""美""真"的精神要义，通过具有丰富象征意义的肢体动作、符号语言等为品饮者营造一种安静恬淡的审美主客体环境，呈现天人合一的品饮境界。

此外，在茶艺表演过程中，清悠的传统音乐、适时精辟的茶艺解说这类有声语言更与上述的无声语言形成了动静和谐的审美意境。仅以解说语言为例，它作为艺术语言，在选词的结构（齐整对称）、音韵的搭配（柔美和谐）、语词的修辞（运用修辞丰润意象）等方面都富有中国传统文化的人文内容，对拓展和深化审美意识具有辅助功用，可成为继表演技巧的审美欣赏后，茶艺表演美学分析的又一重点。

茶艺表演的审美原则是通过外观表演来深入体会茶艺的内在美的，这种内在美即"物我两忘""自然和谐"的茶道。茶道是茶艺的灵魂，茶艺表演中茶艺师的技艺、解说员的茶艺说明及茶室内的和谐氛围都同步地传递出茶道的意境美。欣赏茶艺表演的过程，就是在动静之间领悟和谐的人生哲理、感受优雅的人文体验，是审美者将无形的内心体验寄托于有形的茶艺物境的美妙过程。

传统中式茶艺表演

第二节　往来礼仪

一、递送名片礼仪

递送名片时应用双手拇指和食指执名片两角，让文字正面朝向对方，接名片时要用双手，并认真看一遍上面的内容。如果与对方谈话，不要将名片收起来，应该放在桌子上，并保证名片不被其他东西压住，这会使对方感觉你很重视他。参加会议时，应该在会前或会后交换名片，不要在会中擅自与别人交换名片。

交换名片

二、人物介绍礼仪

介绍是指从中沟通，使双方建立关系。介绍是社交场合中相互了解的基本方法。通过介绍，可以缩短人们之间的距离，以便更好地交谈、更多地沟通和更深入地了解。在日常生活与工作中常用的介绍方式有自我介绍、为他人介绍和集体介绍。

1. 自我介绍

自我介绍在原则上应注意时间、态度与内容等要点。

时间。自我介绍时应注意的时间问题具有双重含义。一方面要考虑自我介绍应在何时进行。一般情况下，把自己介绍给他人的最佳时机应是对方有空闲的时候、对方心情好的时候、对方有认识你的兴趣的时候、对方主动提出认识你的请求的时候，等等。另一方面要考虑自我介绍大致需要多少时间。一般情况下，用半分钟左右的时间做自我介绍就够了，最多不超过 1 分钟。有时，适当使用三言两语或一句话，用上不到十秒钟的时间，也不为错。

态度。在做自我介绍时，态度一定要亲切、自然、友好、自信。介绍者应当表情自然，眼睛看着对方或大家，要善于用自然亲切的面部表情表达友谊之情。不要显得不知所措、面红耳赤，更不能一副随随便便、满不在乎的样子。介绍时可将右手放在自己的左胸上，不要慌慌张张、毛手毛脚，不要用手指指着自己。

内容。介绍者的姓名全称、工作单位、具体职务构成介绍主体内容的三要素。做自我介绍时，具体内容在三大要素的基础上又有所变化。具体而言，依据自我介绍内容方面的差异，又可以分为四种形式。

① 应酬型。这种类型的自我介绍适用于一般性的人际接触，只是简单地介绍下自己，例如，"您好！我的名字叫刘某某。"

② 沟通型。这种类型的自我介绍也适用于普通的人际交往，但是意在寻求与对方的交流或沟通。内容上可以包括本人姓名、单位、籍贯、兴趣等。如，"您好！我叫李某某，湖南邵阳人。目前在一家银行工作，平时我喜欢旅游，不知您是否也和我一样喜欢山水美景呢？"

③ 工作型。这种类型的自我介绍以工作为介绍的中心，以工作关系而交友，其重点在于本人姓名、单位及具体的工作内容。如，"女士们，先生们，各位好！很高兴有机会认识大家。我叫张某某，是本公司的销售经理，专门负责电器销售。各位对购买电器有疑问或需求可以进一步联系我，谢谢！"

④ 礼仪型。这种类型的自我介绍适用于正式而隆重的场合，属于一种出于礼貌而不得不做的自我介绍。其内容除三要素以外，还应附加一些友好、谦恭的语句。如，"大家好！这是一次难得的机会，请允许我做一下自我介绍。我叫孙某某，来自长沙某公司，职位是公关部经理。今天是我第一次来到北京，我非常荣幸在美丽的首都结识在座的各位朋友，谢谢！"

2. 介绍他人

介绍他人之前，首先要了解双方是否有结识的愿望，然后遵循介绍的规则，最后，在介绍双方的姓名、单位时可为双方找些共同的话题，如共同爱好、共同经历或相互感兴趣的事情等。这样在避免陌生尴尬的同时可以激发双方认识对方的兴趣。

（1）为他人介绍的规则：

① 先将男士介绍给女士。例如，"张小姐您好！允许我向你介绍一下，这位是李先生。"

② 先将年轻者介绍给长辈。在性别相同时，先将年轻者介绍给长辈，以表达对长辈的尊敬。

③ 先将地位低者介绍给地位高者。遵从社会地位高者有了解对方的优先权规则，不仅社交场合，其余任何场合都是将社会地位低者先介绍给社会地位高者。

④ 先将未婚者介绍给已婚者。但如果未婚女性比已婚的女性年龄大很多，则还是遵循先将年轻的已婚女性介绍给未婚年长女性的规则。

另外，还有先将客人介绍给主人，先将新员工（后来者）介绍给老员工（先来者）的规则，等等。

（2）为他人介绍的礼节：

① 介绍人：一般有开场白。如，"请让我给大家介绍一下，这位是李经理""请允许我介绍一下，这位是刘先生"。在做介绍时，自己的手势动作要优雅，无论介绍哪方，都应手心朝上，手背朝下，四指并拢，拇指张开，指向正在被介绍者本人，同时向另一方点头微笑。有时，说明被介绍者与自己的关系可以使在场人士之间的熟悉度和信任感更佳。介绍人说话时要言语清晰，不可含糊其词和虚假夸大。在介绍某人优点时要恰到好处，不要因为过度的称赞而导致尴尬。

② 被介绍人：作为被介绍的双方，都应当表现出结识对方的热情。双方都要正面对着对方，介绍时除了女士和长者，一般都应该站起来，但若在会谈进行中，或在宴会等场合，可不必起身，只略微欠身致意就可以了。如方便的话，等介绍人介绍完毕后，被介绍人双方应握手致意，面带微笑并寒暄，如，"你好""见到你很高兴""认识你很荣幸""请多指教""请多关照"等。如有需要还可互换名片。

3. 集体介绍

如果被介绍的双方，其中一方是个人，另一方是集体，应根据具体情况采取不同的办法。

① 将一个人介绍给大家。这种方法主要适用于在重大的活动中对于身份高者、年长者和特邀嘉宾的介绍。介绍后，可方便来宾自己去结识这位被介绍者。

② 将大家介绍给一个人。这种方法既适用于在非正式的社交活动中，使那些想结识更多的、自己所尊敬的人物的年轻者或身份低者满足自己交往的需要，由他人将那些身份高者、年长者介绍给自己；也适用于正式的社交场合，如领导者对劳动模范和有突出贡献的人进行接见等。将大家介绍给一个人的基本顺序有两种：一是按照座次或队次介绍；二是按照身份的高低顺序进行介绍。千万不要随意介绍，以免使来者产生厚此薄彼的感觉。

三、见面握手礼仪

在会见、会谈场合中，双方介绍完以后，可相互握手，寒暄致意。关系亲近的可边握手边问候，甚至两人双手长时间握在一起。在一般情况下，轻握一下即可，但年轻者对年长者、身份低者对身份高者则应稍稍欠身，双手握住对方的手，以示尊敬。男性与女性握手时，往往只轻握一下女性的手指部分。老朋友可以例外，除特殊原因外，不要坐着与人握手，但如果两人相邻或相对都坐着，可以微屈前身握手。

握手应由主人、长者、身份高者、女性先伸手，客人、年轻者、身份低者见面先问候，待对方伸手再握。多人同时握手注意不要交叉。男性在握手前应先脱下手套、摘下帽子。握手时，双目注视对方，微笑致意。据西方传统，位尊者和女性握手时可以戴手套。作为主人，主动、热情、适时握手是很有必要的，这样做可以增加亲切感。

四、迎送规格

一般应遵循对等或对应原则，即主要的迎送人员应与来宾的身份相当。若主方主要人员不能参加迎送活动，使双方身份不能完全对等或对应，可以灵活变通。以对等原则，由职务相当人员进行迎送，但应及时向对方做出解释，以免产生误会。

为了简化迎送礼仪，目前主要迎送人员更多地在来宾下榻的宾馆（或酒店）迎接或送别，而另由职务相当人员负责机场或车站、码头的迎送。注意，由专职司机驾驶小轿车时，领导的专座为后排右座。停车时这个位置处于非车行道的位置，方便迎接，所以通常这个位置为领导席或贵宾席。后排左座为陪同席。前排副驾驶的位置是工作人员席位。

五、送别礼仪

客人提出告辞时应适当挽留，如果确实要离开则不要再三勉强。不要急于起身送客，应待客人起身告辞时，再起身与客人握手告别，同时还应招呼其他工作人员，一起热情相送。注意送客要送到门外再告别，可按天气提前安排雨具，告知电梯、楼梯位置，安排交通工具等。

商务接待礼仪模拟

第三节　用餐礼仪

一、座次安排

中餐宴会一般使用圆桌，每张餐桌上的具体座位都有主次之分。一般来说，需要注意以下三点。

首先，主人坐主桌，面对正门就座。其次，同一张桌子上的位次，根据距离主人的远近而定，近为上，远为下。同一桌上距离相同的位次，右为尊，左为卑。也就是说主人请客，他的右手边是主宾一号，左手边是主宾二号。最后，主人正对面、挨着门的座位，一般坐的是他的助手或第二主人。助手右手边是主宾三号，左手边是主宾四号。正式宴会每桌人数十人以内，最好为双数。

所以，不坐错是最重要的。实在不知道坐在哪儿，就等主人来安排。但如果是你请客，那就要提前做好功课，掌握同桌吃饭的人的身份和状况，避免因为座位安排不当，出现尴尬的情况。

二、进餐礼仪

如邻座是年长者或女士，应主动帮助他们入座。作为客人，入席后不要立即动手取食。而应待主人打招呼，由主人举杯示意开始时，客人才能开始；客人不能抢在主人前面。夹菜要文明，应等菜肴转到自己面前时，再动筷子，不要抢在邻座前面，一次夹菜也不宜过多。要细嚼慢咽，这不仅有利于消化，也是餐桌上的礼仪要求。绝不能大块往嘴里塞，狼吞虎咽，这样会给人留下贪婪的印象。不要挑食，不要只盯住自己喜欢的菜吃，或者急忙把喜欢的菜堆在自己的盘子里。取菜时，自己食盘内不要盛得太多，如遇本人不能吃或不喜欢的菜，服务员上菜或主人劝菜时，不要拒绝，可取少量放在盘内，并及时致谢。对不合口味的菜，切勿露出难堪的表情。吃东西时不要发出声音，要闭嘴嚼，鱼刺、骨头、硬壳等，不要直接外吐，应用筷子取出（吃西餐时，应吐在叉子上），然后放在骨碟内，不要放在桌上。用过的牙签等细小物品最后也应放进食盘里面。

三、离席礼仪

用餐结束后，可以用餐巾、餐巾纸或服务员送来的小毛巾擦嘴，但不宜擦头颈或胸口，餐后不要不加控制地打嗝或嗳气。在主人没示意结束前，客人不能先离席。如果中途离开酒席，一定要向邀请你来的主人说明并致歉。

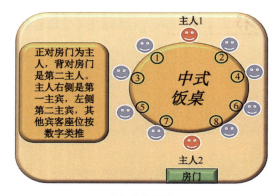

正对房门为主人，背对房门是第二主人。主人右侧是第一主宾，左侧第二主宾，其他宾客座位按数字类推

商务用餐礼仪

第四节　会议礼仪

按参会人员来分类，会议基本上可以简单地分成公司外部会议和公司内部会议。公司外部会议，可以分成产品发布会、研讨会、座谈会等。公司内部会议包括定期的工作周例会、月例会、年终总结会、年终表彰会，以及计划会等。我们以公司外部会议为例，讲一讲商务礼仪中需要注意的一些细节。我们将会议分成会前、会中、会后三个环节进行讲述。

一、会前注意事项

在会前的准备工作中，需要注意以下这几方面：会议开始时间、持续时间；会议地点确认；会议出席人；会议议题；接送服务、会议设备及资料、公司纪念品等。

时间。你要告诉所有参会人员，会议开始的时间和要持续的时间。这样能够让参加会议的人员更好地安排自己的工作。

地点。这是指会议在什么地方进行，要注意会议室的布局是不是适合这次会议的进行。

人物。以外部客户参加公司外部会议为例，应注意：会议有哪些人物来参加，公司这边谁出席，是不是已经请到了适合的外部嘉宾出席这次会议。

议题。议题是指这次会议要讨论的问题。

会议物品的准备。根据这次会议的类型、目的，准备相应物品，如纸、笔、笔记本、投影仪等，以及是不是需要准备咖啡、点心等。

二、会中注意事项

在会议进行当中，需要注意以下几个方面。

会议主持人主持会议要注意：介绍参会人员、控制好会议内容进程、避免跑题或议而不决、控制好会议结束时间、注意会议各方的意见和情绪表达。

会议座次的安排。会议座次的安排一般分成两类：方桌会议和圆桌会议。一般情况下会议室中是长方形的桌子，包括椭圆形，就是所谓的方桌会议，方桌会议可以体现主次之分。

在方桌会议中，特别要注意座次的安排。如果各方出席的只有一位领导，那么领导一般坐在长桌的短边一侧，作为总发言人或聆听者，也可以是比较靠里的位置。以会议室房门为基点，里侧是主宾的位置。如果主客双方共同参加会议，一般分两侧就座，主人坐在会议桌的右边，而客人坐在会议桌的左边。

有一种安排是为尽量避免这种主次安排，以圆形桌来布局，就是圆桌会议。

圆桌会议使得参会各方可以环视四周，可以使每个参会者轻松地与各方交流，消除距离感。圆桌会议桌上也可以布置多方单位的旗帜、台签卡，同时配备水果、茶水、文具等，进一步提升会议的友好氛围。

大型圆桌会议现场布置图

三、会后注意事项

在会议结束后，应注意以下细节，才能体现出良好的商务礼貌。会谈要形成文字结果，可回顾录音、录像做好记录。没有文字结果也要形成阶段性的决议，落实到纸面上，应有专人负责会议决议的跟进，可以赠送本公司纪念品，还要考虑是否参观公司或厂房等。如需纪念或编写新闻，可安排合影留念。

商务会议座次礼仪

第五节　　涉外礼仪

一、涉外礼仪原则

维护形象。在涉外交往中，各方普遍对个人形象倍加关注，都十分重视规范得体的个人形象，注意维护好个人形象。个人形象在正式的国际交往中之所以深受重视，是因为各国文化差异大，个人不仅代表着自己还代表了一种文化或一个国家的形象。在涉外交往中，每个人都必须时刻注重维护自身形象，特别要注重维护自己在正式场合给外国友人留下的第一印象。

不卑不亢。这是涉外礼仪的一项基本原则，主要要求是：每个人在涉外交往中，都必须意识到自己代表的是国家和民族，以及自己所在的企业。所以，言行应当从容得体。在外国友人面前，既不应该表现得畏惧自卑、低三下四，也不应该表现得自大骄傲、充满偏见。

求同存异。这是在涉外交往中为了减少麻烦、避免误会，最为可行的做法。既要对交往对象所在国的礼仪与习俗有所了解，并予以尊重，又要对国际上通行的礼仪惯例认真地加以遵循。

入乡随俗。这是涉外礼仪的基本原则之一，主要是指在涉外交往中，要真正做到尊重交往对象的各种风俗习惯，不当面评价、质疑及发表自己的看法。

信守约定。这是指在一切正式的涉外交往中，都必须认真、严格地遵守自己的承诺，说话务必要算数，许诺一定要兑现，约会必须如约而至。在有关时间方面的正式约定中，尤其要注意恪守不渝。

热情有度。它的含义是人们在涉外交往中，不仅待人要热情友好，更为重要的是要把握好具体分寸，否则就会事与愿违、过犹不及。

不必过谦。在涉外交往中，当涉及自我评价时，虽然不应自吹自擂、自我标榜，一味抬高自己，但也不要妄自菲薄、自我贬低、自轻自贱。过度地对外国友人谦虚、客套，过度地崇拜、吹捧外国友人，是对自己能力的不自信，也有损国家形象，长此以往会丧失自己应有的地位、尊严和发展的动力。

不宜先为。这也称作"不为先"原则，其基本要求是在涉外交往中面对自己一时难以应付，或举棋不定、不知道怎样做才好的情况下，尽量不要急于采取行动，尤其是不宜急于抢先，冒昧行事。

尊重隐私。在涉外交往中，务必要严格遵守这一项涉外礼仪。收入、婚姻、宗教等个人隐私问题是不宜去打听或私下议论的，尊重对方要从尊重对方隐私开始。

英国林肯学院专家在湖南工业职院参观现场图

爱护环境。作为涉外礼仪的主要原则之一，"爱护环境"的主要含义是：在日常生活中，每一个人都有义务对人类赖以生存的环境自觉地加以爱惜和保护，例如，不能随意丢烟头、浪费粮食、随地吐痰等。

英国林肯学院与湖南工业职院洽谈合作现场图

二、接待礼仪

如果是身份较高的外宾，应事前在机场（车站、码头）安排好贵宾休息室，备好饮料、雨伞等，派专人提前接机并打听好对方行李数量以方便装车运载。

最好在外宾到达前，就把房间和乘车信息告知对方。若做不到，应在客人到达后立即将住房和乘车信息告诉对方，或请对方联络人转达，以方便外宾安排行程和休息。指派专人按规定协助客人办理入境手续及机（车、船）票和行李提取等事宜。外宾到达住处后，一般不宜立即安排活动，应请客人稍事休息，起码要留给客人更衣的时间。另外，没有得到外宾允许，不要贸然进入其所住房间。

外商来本地区（单位）参观时，对本地区（单位）介绍应简明扼要、实事求是，内容要真实，材料要丰富，形式要活泼多样，既不夸大成绩，也不掩饰不足。

外商参观工厂、学校时，不应停工、停课，工作和学习都要照常进行。当客人主动与我方人员握手、交谈时，可热情地做回应。外商参观的单位不应自行悬挂标语、国旗和外国领袖像等，应听从接待单位的统一安排。陪同参观人员不宜过多，同时应做好保卫工作。指定陪同人员不应半途离去或不辞而别。

介绍情况时应面向全体人员，注意避免冷落另一些客人。对方提出的问题，应区别情况慎做回复，不要不懂装懂，不要轻易表态，更不要随意允诺送给客人礼品、产品、资料等，注意内外有别，要遵守保密规定。参观时，不仅要照顾好主宾，还应照顾好其他客人，防止队伍首尾不接。我方陪同人员应利用有益于对外宣传的事物，及时向客人做介绍。

三、拜访礼仪

到外商的住所或办公室，均应事先约定或通知，并按时到达。无人迎接时应敲门或按门铃，经主人允许后方可进入；若无人应声，可再次敲门或按门铃（敲门声音要轻，按铃时间不宜过长）。无人或未经允许，不得擅自进入。若因事急或未有约定又必须前往，尽量避免在深夜打扰对方。若必须在休息时间约见对方，见面首先应立即致歉，再说明必须打扰的原因。

经主人允许或邀请可进入其室内。即使所谈事情需要时间很短，也不要站在门口谈话；若主人未邀请入室，可退至门外，在室外进行交谈。室内谈话若时间较短，不必坐下，事毕不宜逗留，若谈话时间较长，可在主人邀请后入座。事先未有约定的，谈话时间不宜过长。

应邀到外商家中拜访、做客，应按主人提议的时间准时抵达，过早过晚均不礼貌。拜访的时间一般在上午十时或下午四时左右。若因故迟到，应致歉意。主人准备的小吃，不要拒绝，应品尝一下；主人准备的饮料，尽可能喝掉。无主人的邀请或未经主人允许，不得随意参观主人的住房和庭院，在主人的带领下参观其住宅。即便是最熟悉的朋友也不要去触动除房内的书籍、花草以外的室内摆设或个人用品。对主人的家人应礼貌问候（尤其是夫人/丈夫或孩子）。对主人家的猫狗不应表示害怕或讨厌，更不要去踢它或打它。离开时，应礼貌地向主人表示感谢。

四、西餐礼仪

在职业人群参加的商务西餐中，每个人代表的不单单是自己，而是一家企业的对外形象，所以一举一动也都代表着企业形象，要特别注意以下餐桌礼仪。

（1）不要把手机、电脑等物品放在餐桌上与菜品挤在一起。

（2）用餐时可以交谈，但口中食物还没吞下时，不要含着说话。注意与对方用餐速度和节奏保持一致。

（3）短暂离开座位时，不要把餐巾撒开放在餐桌上，应叠好放在座位上。

（4）如果餐馆服务不好，可以私下提醒和投诉，但避免直接发怒。

（5）西餐一般是左手拿叉、右手持刀，用餐时不要让餐具与碗碟碰撞发出声音。

（6）西餐讲究上菜、用餐的顺序，可事先了解菜单并按顺序品尝。

（7）与外国友人用餐前，要注意对方的宗教习惯。

共享商务西餐实际上是一个沟通交流的机会，更多的目的是增进双方的了解，但并不能把餐厅当作是办公室和会议室一样来全程交流工作。用餐时讨论的内容也仅限于口头交流，不要在用餐时还拿出合同、计划、设计稿等与对方讨论，这会严重影响到用餐气氛，不小心将食物掉在文件上更是缺乏礼貌的表现。严谨的工作不可急于求成，商务谈判还是要留到办公室或会议室里进行，而不是在餐厅里。

涉外礼仪指南

本章实践活动

商务会议接待模拟

活动目标： 培养学生对职场商务接待会议的筹备、实施和总结的实战能力。

活动内容： 根据设计的企业背景和来访客户，要求学生就会议室安排、客户接待、过程实施和经验总结等方面展开角色扮演与现场模拟，由教师进行评价。

活动流程：

1. 每五人组成一个会议接待组，每组设置不同的来访客户背景与考察内容。

2. 接待组按要求提前布置会议室场地（教师提前准备场地及道具）。

3. 接待组分工合作，完成接待和引导，会议开始后记录会议过程。

4. 会议结束选派组长总结接待经验，由教师点评打分。

第十章

职业核心素养美

微　课

◎ 熟悉职业核心素养美的内容；

◎ 理解时代先锋与楷模的精神，能主动效仿榜样；

◎ 培养学生良好的职业操守、职业态度和职业行为。

　　职业核心素养是指职业内在规范和要求，是人在从事某种职业的过程中表现出来的综合品质，也是人们在社会活动中需要遵守的行为规范，个体行为的外在表象可以体现出职业素养内涵。职业核心素养涵盖职业道德、职业安全、职业形象、职业能力、职业体能、职业审美等诸多方面的知识、技术及其相应的作风和行为。这些作风和行为体现为：（1）在职业活动中运用专业知识（职业技能）的熟练程度；（2）综合职业能力的高低；（3）具有职业特点的思维方式；（4）具有符合职业要求的道德行为和遵法守纪的习惯。

　　职业核心素养包括：职业信念、职业技能和职业习惯。首先，职业信念尤为重要，它主要包括职业价值观和职业道德。外在技能的学习和职业习惯的培养都需首先奠定思想上的正确信念。其次，通过对职业榜样的学习和实践，可以不断统一职业信念、技能和习惯，形成三位一体的职业素养综合美，给人展示一种敬业奉献、专注执着和服务周到的职业美。

　　职业核心素养美的形成有两个主要途径。第一，要以正确的职业价值观为核心，以良好的职业道德为规范，用内在精神来引导职业技能提升和职业习惯养成；第二，要以日常生活、社会劳动中的优秀职业榜样为实践目标，通过分析、学习、实践、总结，形成职业核心素养美这种高级形式的外在美。

第一节　以职业精神为核心

职业精神是对待一份职业应该具有的自觉性、道德操守和价值观念。正确的职业价值观是良好职业精神的基础。职业价值观是一个人基于自己的人生目标、人生态度在职业选择方面的具体表现，是一个人对具体职业的主观认识、喜爱程度及对职业目标的追求与向往。如果一个人对待一份职业的态度是消极的、否定的、片面的、错误的，那么无论是心理活动还是实践行为，他都无法在职业生涯中展示出良好的职业精神，更谈不上高层次的职业素养。

以职业精神为核心去培养职业素养美，首先就是要树立好正确的职业价值观。

每种职业都有各自的特性，不同的人对职业意义的认识，对职业好坏的不同评价和取向，就形成了职业价值观。职业价值观决定了人们对职业的期望值，这会影响人们对职业方向和职业目标的判断，进一步也会影响人们就业后的职业素养表现、工作态度和效率，最终影响其职业发展成就。

职业价值观评测选择维度图

一份职业究竟是什么核心因素吸引自己？大学生怎样对比和区分哪种职业最适合自己？从事一份职业的价值和意义何在？这些疑问其实都是职业价值观的具体表现，回答这些问题必须先了解职业价值观的特点、择业因素的分类和对青年择业的建议。

一、职业价值观的特点

职业价值观具有个体差异性。每个人的性格特点、家庭背景、生理条件、经验阅历、教育背景、成长环境、兴趣爱好等都具有差异性，因此对各种职业有不同的主观评价是很正常的。由于社会分工复杂和经济发展的加速，各职业在体力或脑力劳动的具体内容、劳动复杂性和强度、环境、报酬等方面也存在差异性。另外，受传统思想观念、国家政治历史、经济发展环境等因素的影响，各类职业在人们内心的地位也有高低好坏的区别，这些评价都形成了人的职业价值观，影响着人们对就业方向和具体职业岗位的选择。

具体来说，不同的人对同一个职业的评价经常不同。比如，有些人认为矿井工人的工作很辛苦、很危险从而对该职业给予负面评价，而有些人则认为该职业薪水高而对其给予正面评价。同一个人对不同的职业也经常有不同的评价。

职业价值观具有唯一稳定性。个人可能具有多种兴趣爱好，但并不是所有的兴趣爱好都会发展成一种坚定的、长远的职业志向。职业价值观发源于一种特殊的职业志向，这种志向不同于普通的临时性的兴趣爱好，它具有明确的目的性、自觉性和坚定性。具体来说，它拥有普通兴趣爱好所缺乏的长期唯一性、深刻认同性的职业选择特点，这种特点会对一个人的职业目标、择业动机起决定性作用。例如，一个年轻人的爱好可能是打篮球，也可能是玩音乐，但这些爱好不可能同时发展成为他的个人职业。个人职业的选择是长远稳定价值观的形成过程，只有主要的职业志向才能成为唯一的自觉选择与个人热爱的职业。

二、择业因素的分类

人们在确定职业价值观的过程中，综合分析各种择业因素是一个比较复杂的心理过程，最终形成唯一的核心职业价值观。这种核心的职业价值观是促使人们选择职业的最大动力、最强观点，甚至形成终身的职业信仰。影响这种核心职业价值观的三类因素如下所述。

第一，发展因素：符合兴趣爱好、工作有挑战性、能发挥自身才能、工作自主性大、能提供培训晋升、专业对口、发展空间大、出国机会多等，这些因素一般与个人职业发展有关。

第二，保障因素：工资福利、保险保障、职业稳定性、工作环境、交通便捷性、生活便利性等，这些因素一般与福利待遇和物质生活有关。

第三，声望因素：单位的知名度、规模、权力、行政级别和社会地位等，这些因素都与声望有关。

据统计，当今大学生的职业价值观普遍越来越理性，重视发展因素逐渐成为必选项，而保障因素和声望因素则成为因人而异、差别较大的可选项。

三、对青年择业的建议

理性看待金钱与名利。从职业发展初期看，有些毕业生求职时将追求金钱作为首选价值观。如果出于自身经济条件不好的原因也并非错误。但对初次择业的毕业生来说，在职业发展初期，因为自身掌握的知识技能和经验阅历不足，不能盲目以一夜暴富的价值观择业。这样很容易被传销组织或非法集资等不法分子利用。面对僧多粥少的就业形势，毕业生应理性地把眼光放长远，尽量将积累经验作为首次择业的主流价值观，拓展选择面，减轻社会压力。另外，职业价值观中追逐名利是人的欲望本性，它可能成就大的事业，也可能使人自我毁灭。我们要以合理合法、公正公平的方式追名逐利，这对社会和个人进步都是有帮助的。但这需要掌握一定的度，学会知足和低调行事，防止非法获利、炫富攀比等歪曲价值观的形成。

平衡个人与社会需要。从职业发展意义来看，人不能离开社会而独立存在，个人只有在职业中为社会做贡献、避免扰乱社会才能实现自己的职业价值。当然，这不是要求所有人都像鲁迅一样弃医从文拯救民族，或像白衣天使一样奔赴抗疫前线。我们可以依据自身特长，选择有利于社会和谐发展的正规、合法、健康的职业，不能从事黄赌毒等非法获利、危害国家安全、猎杀保护动物、污染生态环境的职业。

价值观与兴趣特长相结合。从职业长远发展来看，在确定价值观时，一定要考虑它是否与自己的兴趣和特长相适应。据调查，如果一个人从事自己不喜欢的工作，有 80% 的人难以在这份职业上获得成功。

总之，职业素养美的形成必须首先以职业精神为核心，而正确的职业价值观又是良好职业精神的基础，也是爱岗敬业、专注奉献等重要职业道德操守形成的前提。

职业价值观介绍

第二节　以职业道德为规范

优秀的职业道德可以成为职业素养的具体规范。广义的职业道德是指从业人员在职业活动中应遵循的行为准则，涵盖了从业人员与服务对象、职业与职工、职业与职业之间的关系。狭义的职业道德是指在一定职业活动中应遵循的、体现一定职业特征的、调整一定职业关系的职业行为准则和规范。职业道德主要应包括：忠于职守，敬业奉献；实事求是，不弄虚作假；依法行事，严守秘密；公正透明，服务社会。

职业道德能比职业价值观更进一步地规范和引导着人们在工作中做到知行合一、表里如一。职业道德也是一个人职业生涯开始后的职业战术，而职业价值观则是高一层次的职业战略。战术服从于战略的实施，战术是更精细化的日常心理导向和行为准则。通过这种规范所形成的职业素养美，能够持续地陪伴一个人坚持正确的职业生涯轨迹并促进职业成就的获得。

职业道德的核心是为人民服务，职业道德的基本原则是集体主义，职业道德的基本规范是从业者在职业活动中必须遵守的基本行为准则。职业道德的基本规范包括爱岗敬业（乐业、勤业、精业），诚实守信（诚信无欺、讲究质量、信守合同），办事公道（客观公正、照章办事），服务群众（热情周到、满足需要、技能高超），奉献社会（尊重公众利益、注重社会效益）。

一、职业道德的特征

职业性。职业道德内容与职业实践活动紧密相连，反映特定职业活动对从业人员行为的道德要求。每一种职业道德都只能规范本行业从业人员的职业行为，在特定的职业范围内发挥作用。

实践性。职业行为过程，就是职业实践过程，只有在实践过程中，才能体现出职业道德的水准。职业道德的作用是调整职业关系，对从业人员职业活动的具体行为进行规范，解决现实生活中的具体道德冲突。

继承性。在长期实践过程中形成的职业道德，会被作为经验和传统继承下来。在不同的社会发展阶段，同样一种职业因其服务对象、服务手段、职业利益、职业责任和义务的不变而相对稳定，职业行为道德要求的核心内容将被继承和发扬，从而形成了被不同社会发展阶段普遍认同的职业道德规范。

多样性。不同的行业和不同的职业有不同的职业道德标准。

教师职业道德规范

二、职业道德与社会道德的区别

社会道德也称社会公德，是整个社会共同认可的一种良性的意识形态，可以调节和指导社会成员的实践行为，协调人际关系，维持良好的社会秩序，一般的社会道德包括拾金不昧、尊老爱幼等。不同的社会制度背景影响社会道德的基本导向，在我国社会主义制度背景下，社会道德导向是"以服务人民为核心，以集体主义为原则"的共产主义道德导向。

职业道德则是一种特殊的社会道德，是专门用于指导具体职业者的职业行为规范，协调职场内外部关系，维护企业形象的意识形态。一般来说，某一社会制度中的职业道德总受到该社会占主导地位的社会道德的制约，它们之间在一定意义上是共性与个性的关系。社会主义制度下的职业道德受共产主义道德的指导，同时又是共产主义道德原则和规范在各行各业的具体体现和补充。职业道德与一般的社会道德相比，具有以下几点区别。

职业道德是在历史上形成的、在特定的职业环境中产生和发展起来的，它常常形成世代相袭的职业传统和比较稳定的职业心理和习惯，因此具有较强的稳定性和连续性。

职业道德反映着特定的职业关系，具有特定职业的业务特征，因而它的作用范围仅仅局限于特定的职业活动中，只对从事特定职业的人们具有约束力。

职业道德常常通过规章制度、工作守则、服务公约、劳动规程、岗位须知等形式表现出来。它与普通的社会道德相比更加具体和细化，更加易于监督管理和对照遵守。

三、职业道德的意义

首先，职业道德可以调节职业人群内部及职业人员与服务对象之间的关系。一方面，职业人群可以依靠职业道德来规范其职业行为，促进内部人员的团结与合作。例如，具有职业道德的员工愿意互相帮助，特别是老员工对新员工的关怀，可以使集体充满凝聚力。另一方面，职业道德还可以调节职业人员和服务对象之间的关系。例如，遵守职业道德的装修工人，无论业主是否经常来装修现场监督，都能自觉地按规范认真施工。这样，在赢得客户信赖的同时，装修工人和业主之间的关系也变得友好融洽。

其次，职业道德有助于提升企业的信誉度，促进企业持续健康的发展。一个企业的信誉来自其形象、信用和声誉，具体是指企业产品与服务在社会公众中的受信任程度。提高企业信誉度主要靠产品或服务的质量，而从业人员的职业道德水平是产品或服务质量有效保证的关键。职业道德水平高的从业人员责任心很强。例如，职业道德水平较高的私营诊所牙科医生，不仅在生理上治愈病人的痛苦，更会在心灵上帮助病人解压，在经济上为病人考虑可行性。如果越来越多的私人牙医能够如此，社会公众就会对私营诊所充满信任感，整个私营口腔行业也将树立起良好的社会形象，吸引更多的病人就诊。

最后，职业道德有助于提高整个社会的道德水平。职业道德一方面关系每个从业者如何对待职业、如何对待工作，同时也是一个从业人员生活态度、价值观念的表现；另一方面，职业道德也关系整个职业集体，如果每个行业、每个职业集体都具备优良的职业道德，利于整个社会道德水平的提高。

四、职业道德的培养

一是在日常生活中培养。"勿以善小而不为，勿以恶小而为之"，职业道德行为的最大特点就是依靠充分的自觉性和习惯性，而培养良好习惯的载体就是日常生活。要紧紧抓住这个载体，有意识地培养自己的良好习惯，久而久之，习惯就会成为自然，即自觉的行为。例如，厨师的职业道德要求维护好餐饮卫生，因此厨师在日常生活中就要养成良好的个人卫生习惯，勤洗手、爱打扫，这样才能将好的习惯带入到职业岗位实践中。

二是在专业学习中训练。专业理论知识与专业技能是形成职业信念和职业道德行为的前提和基础。职业道德行为的养成离不开知识的学习和技能的提高。

三是在社会实践中体验。"人的正确思想，只能从社会实践中来"，丰富的社会实践是指导人们发展、成才的基础，是实现知行合一的主要场所。职业道德行为的养成离不开社会实践，社会实践是职业道德行为养成的根本途径。

四是在自我修养中提高。自我修养指个人在日常的学习、生活和各种实践中，按照职业道德的基本原则和规范，在职业道德品质中有目的地"自我锻炼"、"自我改造"和"自我提高"。

职业道德内涵

第三节 以职业模范为榜样

在我们了解过职业核心素养精神层面的知识后，更需要以日常生活、社会劳动中的职业榜样为学习目标，培养职业核心素养，展现出真正的美，使我们对职业核心素养美的分辨力不断得以提升。

职业核心素养美在榜样人物上，是通过不同岗位的奉献与执着、坚持与拼搏、正确的职业价值观和优秀的职业道德展现出来的，是职场正能量的典型。无论是快递员、飞行员、机械师，还是医生、警察、保安乃至清洁工，他们都有优秀榜样能体现出职业核心素养之美。虽待遇、工作内容各不相同，但他们都用爱国、敬业、精技、创新的实践榜样诠释了最真的职业核心素养美。

快递能手宋学文：立德用心服务

宋学文是北京京东公司一名普普通通的快递员，但他做到了投送 22 万件包裹零误差。2017 年，他获得了首都及全国五一劳动奖章。他坚持客户至上，总结出派送的不同规律，知道如何判断轻重缓急。他曾在两千多件包裹中翻出客户要在半小时内拿到的急件，并且冒雨送出，全身湿透却达成使命。

勤奋加用心，坚持从每天清晨到夜幕降临。宋学文每天清晨 5 点就起床，骑电动车一个多小时来到配送站。到达配送站后，首先检查送货三轮车车况是否良好，收发货所用的各种准备工具是否到位。早上 7 点钟，他从繁多的货品中挑出配送范围内的货物。8 点前，将自己负责的货品用设备扫描到自己名下。在这个环节，他特意注意了小细节：上午和下午的装车方法不一样。上午主要按照货品大小装车，大件在下、小件在上，紧急的放在明显位置。下午他则按收货公司和收货人的下班时间，把下班较晚的收件人货物放在下面，下班较的早收件人的货物放最上面，先行配送。当完成一天所有货物配送回到站点时已经是晚上 7 点多了。此时，他还要完成白天的售后客服工作，交接完货款后，他才安心离开。

暖心加担当，让每一位客户都放心。宋学文所在的配送站点，是单量相对较大的站点之一。虽然配送范围并不大，但是配送量却非常庞大。因为区域内企业客户非常多，大批量订单也多，尤其到大促销的时候非常繁忙。宋学文总能带领团队在工作中竭尽所能满足客户各种个性化的配送需求。

宋学文的配送时长已经达到 1 900 多天，配送总单量达到 216 000 多件，总里程达到 324 000 多千米。在保持零差评的同时，他还逐渐成了很多客户的贴心朋友。遇到新客户时，他会多花时间给客户讲解购物中的注意事项，并了解客户的需求，将客户的收货时间及特殊注意事项牢记在心。在处理客户疑问时，总是换位思考、耐心解决，大大增加了客户对京东的认可度。大部分客户在京东遇到疑问都已经习惯主动联系他解决。

宋学文做的是一份很普通也很辛苦的工作，让我们敬佩的是他温暖的胸怀、极致的态度和难能可贵的始终如一。他从事的并不是薪水高、技术要求高的职业，但他始终热爱这份职业，用敬业专注的态度对待这份职业。这就是信念、技能、习惯都具备的职业素养之美，值得年轻人细细体会。

最美快递员，用心服务

英雄机长刘传健：敬业无畏生命

刘传健出生于 1972 年，1991 年加入空军，2006 年从空军退役后进入四川航空公司工作，任川航重庆分公司飞行分部责任机长。

2018 年，中国民用航空局、四川省人民政府决定授予他"中国民航英雄机长"称号并享受省级劳动模范待遇。2019 年，刘传健获"感动中国 2018 年度人物"荣誉。同年 9 月，获第七届全国道德模范"全国敬业奉献模范"，被授予"最美奋斗者"称号，其团队获习近平总书记接见，这都源于一次史诗级的航空拯救，并被拍成电影——《中国机长》。

正是一次化险为夷的敬业之举，让刘传健保住了上百条生命。2018年5月14日，刘传健驾驶的飞机在近万米的高空，以每小时800千米的速度飞往拉萨，驾驶舱挡风玻璃突然爆裂脱落，驾驶舱释压，副驾驶半个身子被吸出了窗外。

此时，冰冷的飓风和刺耳的噪音扑面而来，飞机抖动剧烈。刘传健的脸和耳膜忍受着巨大的撕裂感。快速恢复清醒后的他，发现操纵杆还可以使用，但仪表大部分已不能显示。

此刻，刘传健进入了当年驾驶战斗机的心绪，但不同的是背后是上百名乘客的生命。飞机正处在青藏高原的崇山峻岭之中，只有飞出高山才能下降高度，飞机还需在7000米高空停留一段时间，而刘传健必须在低温、缺氧的环境中坚持工作。如果此时他的敬业精神没有支撑他坚守岗位、沉着应对，将会造成上百人的机毁人亡，给国家带来重大灾难！

低温缺氧使他逐渐失去知觉，瞬时强风可能将人吸出飞机外，但生死关头刘传健忠于职守，面对生命威胁不脱离岗位，担当起119名旅客生命安全的守护者，完美地展现了他忠诚担当的职业品格、严谨科学的职业技能、团结协作的职业作风和敬业奉献的职业操守。最终，他驾驶飞机安全返回成都机场。

重大危机的成功处置并非偶然，体现出的是遵章守纪的严谨，是严格执行飞行标准的结果，是长期严谨职业作风养成的职业素养。瞬间的判断来自长期的积累，英雄的壮举根植于平常工作之中。

从事飞行工作28年来，刘传健总飞行时间超13 666小时，从未发生过人为责任原因的不安全事件。他从未放弃高标准、严要求，始终坚持认真学习各种飞行知识，几乎把飞行之外的业余时间都用在了对飞行理论和技术的刻苦钻研上。功夫不负有心人，正是平时对工作的执着，铸就了他危机下的担当精神。

我们从英雄机长身上看到了用生命捍卫敬业奉献的职业信念，看到了平时积累、熟练操作的专业技能，看到了临危不惧、始终将乘客安全放在首位的职业习惯，这些信念、技能和习惯都让我们内心感受到强大的职业素养美。电影《中国机长》中有句经典台词：敬畏生命、敬畏职责、敬畏规章。只有这样的职业素养才能保障乘客的生命安全，获得全社会、全世界的钦佩、赞誉。

中国民航英雄机长

大国工匠龙卫国：立德敬业，精技创新

年轻的龙卫国已经是湖南省劳动模范和国务院政府特殊津贴专家。他也是湖南工业职业技术学院 2001 届电气自动化专业毕业生、大师工作室技能大师。

他从湖南工业职业技术学院毕业后，进入了湖南著名的工程机械巨头——中联重科起重机公司。2003 年他从装配岗位转到调试岗位。

来到调试岗位后，龙卫国更加努力地向师傅学习实操技能，短短的 6 个月后，龙卫国已经成了别人的师傅，其实一般的学徒过程至少需要一年。他曾被誉为"中国汽车起重机调试第一人"，多次参与调试世界最大汽车起重机、世界最大轮式起重机和世界最大吨位五桥汽车起重机等巨型产品。

这位职业院校毕业的细心工匠，追求完美的背后是艰辛的付出。

龙卫国锻炼了一种绝活，用世界最重的起重机吊臂往瓶子里插花。用巨大的机械吊臂插花是检验设备微动性和操作稳定性极其关键的测试方法。他十分清楚，大型吊车吊起风电、核电等关键零部件，对吊车设备的微动性要求极高，因为螺丝孔直径只有二十几毫米。吊车操作员必须反复调试，精益求精。

吊臂就相当于人类的双手，通过调试数据才能使其性能达到理想水平。只有把每一个简单的细节做到完美，对设备的调试工作才安全有保障。

调试工作经常需要反复验证、调整参数。这项工作短则几个月，长则两三年，实验需要超过千次，对耐心和毅力的要求极高。在车间同事们眼中，龙卫国对每件事情都认真对待。他曾被多次委派到国外进行售后服务，在阿联酋工作时，气温高达 50℃ 的沙漠地区，他每天工作超过 10 个小时，还要培训客户，为他们解决产品使用中遇到的难题。

已是工匠大师的龙卫国，并没有停止技艺的提升，他每天都坚守生产一线，虚心学习和奉献自己。他将高超的技艺用来培养其他的调试工匠，培养大吨位或超大吨位调试操作员上百人，同时，开展理论授课千余场次。特别可贵的是，他还经常回到母校，将自己对工匠的理解、对学生的鼓励亲自送到校园当中，让师生深受鼓舞。

龙卫国的故事告诉我们，不管是精益求精磨炼技艺，还是主动探索创新工作，给他带来成功的关键还是追求细节的一种职业核心素养。这正是当前职业院校毕业生所需要的"工匠精神"，是在平时工作中职业态度的点滴体现，是爱岗敬业的真实写照。他作为大型企业的高级技师，给社会树立了爱岗敬业的榜样，脚踏实地诠释了职业教育人才的正确发展方向。他并非毕业于名校，家庭条件也不优越，但职业素养在他长期磨炼技能的双手与汗水中，在他爱岗敬业、无私奉献的职业态度中，更加显得熠熠生辉。

大国工匠龙卫国介绍

暖心医生江学庆：用生命呵护生命

江学庆医生是湖北武汉人。他 1986 年从同济医科大学临床医学专业毕业，之后一直在武汉市中心医院外科岗位从医 30 多年，生前是武汉市中心医院甲状腺乳腺外科党支部书记、主任。在工作期间，江学庆甘于奉献、尽职尽责，特别是对每一位患者都给予相同的温暖与关爱，深受患者好评。

2007 年，刚回国的江学庆接受单位安排，担任新设立的甲状腺乳腺外科负责人。此时，科室里只有十多张病床、五六位医护人员。但经过江学庆的长期奋斗，现在该科室已发展到 200 多张病床、九十多名医护人员。

对于新来的年轻医生和护士，江学庆经常给予鼓励："你们要找到自己的领域，并且把它做精。"他总会说，你们要努力地做，找到自己的业务方向才能成就自己。江学庆不仅是导师，也是一名热心的"辅导员"，同事们在生活中遇到困难，他总是毫不犹豫地热情相助。

2018 年，江学庆在首都人民大会堂参加了"中国医师奖"的颁奖典礼，获奖回来后他激动不已。他告诉同事们：国家给了他莫大的荣誉和鼓励，自己的压力也很大。他的愿望是要让甲状腺乳腺外科不断发展，惠及更多患者。

江学庆有一个患者群，群友都称呼他是"暖男医生"。因为他与人交往体现出"暖"，对患者说话轻言细语，控制自己的音量。曾接受过江学庆手术的陈女士说："江医生说话柔和，温暖人心，再大脾气的人跟他交流后，都能变得心平气和。"

江学庆问诊时还很注重沟通细节。他并非一开场就与患者谈论病情，而是微笑地跟他们拉家常，时间充裕的情况下一聊就是十几分钟，把病人当做朋友是舒缓患者压力的好办法。冬季给患者检查前，他会先把手搓热。热心的态度和良好的医技，使得经他治疗治愈的甲状腺癌患者超过 12 000 人。

然而，他的温暖在新冠疫情发生时走到了终点。江学庆工作的武汉市中心医院是 2020年最早一批接触新冠肺炎患者的医院。在新冠病毒爆发后，他依然坚守岗位、兢兢业业。

在抗击新冠疫情的任务中，他不幸暴露后患病。终因抢救无效，于 2020 年 3 月 1 日去世，留下了思念他的妻女和怀念他的同事、患者。江学庆用自己的生命呵护他人的生命，从温暖病人到提升医技，从疫情爆发坚守岗位到最后因公殉职，他在职业生涯中用生命书写了感人至深的职业素养美。

暖心医生

本章实践活动

《身边的职业榜样》演讲比赛

活动目标：培养学生对身边各行各业职业榜样的深入学习和实践认知。

活动内容：通过了解职业榜样案例人物的故事，完成搜集与整理、感悟撰写与演讲等活动，由教师评价演讲内容与情感态度。

活动流程：

1. 学生按教师给定的行业，搜集职业素养榜样人物故事。

2. 学生整理素材，包含相同字数的文字演讲稿、图文 PPT、音视频等资料。

3. 轮流上台演讲，每人时间控制在 5 分钟内。

4. 由教师点评打分，总结学习情况。

教材案例库

实践活动库

拓展阅读书库

参 考 文 献

[1]   席勒. 美育书简[M]. 北京：中央编译出版社，2014.

[2]   朱光潜. 此生有美自芳华[M]. 北京：北京联合出版社，2017.

[3]   杜卫. 美育学概论[M]. 北京：高等教育出版社，1997.

[4]   杨斌. 教育美学十讲[M]. 上海：华东师范大学出版社，2015.

[5]   何齐宗. 教育美学新论[M]. 北京：人民教育出版社，2017.

[6]   杜卫. 美育论[M]. 北京：教育科学出版社会，2000.

[7]   沙家强. 大学美育十六讲[M]. 北京：高等教育出版社，2019.

[8]   刘兰明. 安身立命之本：职业基本素养 [M]. 3 版. 北京：高等教育出版社，2017.

[9]   徐汉文，张云河. 商务礼仪[M]. 3 版. 北京：高等教育出版社，2018.

[10] 李军，程芳萍. 人文经典与职业素养[M]. 北京：中国人民大学出版社，2015.

[11] 德铁婴，张晋安. 大学人文教育读本[M]. 北京：中国人民大学出版社，2015.

[12] 刘辉. 职业素养训练[M]. 北京：机械工业出版社，2020.

[13] 韦荣. 大学生人文素养读本[M]. 北京：北京师范大学出版社，2019.

[14] 高宝立. 职业人文教育论——高等职业院校人文教育的特殊性分析[J]. 高等教育研究，2007，5:54-60.

[15] 朱利萍. 教育性的回归：高等职业教育的当代命题——基于诗教美育的实践选择及其策略[J]. 中国高教研究，2010，3:86-87.

[16] 岳文韬. 高职院校美育现状、问题与对策研究[D]. 长沙：湖南师范大学，2016.

[17] 阳璐西. 高职美育现状分析及对策研究[D]. 成都：四川师范大学，2010.

[18] 尹元华. 中国高职教育中的审美教育问题研究[D]. 济南：山东师范大学，2009.

[19] 谢志贤. "互联网+"背景下高职美育改革创新的策略探讨——以艺术设计专业群为例[J]. 美术教育研究，2019，3:126-127.

[20] 张科海，付胜利. "立德树人"视角下高职美育育人工作机制的构建与创新研究[J]. 中国成人教育，2015，14:80-82.

[21] 付胜利，张勃. "立德树人"视域下高职美育课程的理念革新与实践[J]. 教育与职业，2016，15:97-100.

[22] 郭晓垒. 促进高职学生人格养成的美育策略研究[J]. 中国成人教育，2011，16:100-102.

[23] 高静，杨雪梅. 高等职业院校美育方法及实施途径探索[J]. 中国成人教育，2014，16:101-103.

[24] 孙荣春. 高职院校美育存在的主要问题及对策[J]. 学校党建与思想教育，2009，20:66-67.

[25] 刘常青. 高职院校美育教学状况及对策[J]. 教育与职业，2013，35:57-58.

[26] 陈丽如. 高职院校学生职业核心素养培育探析[J]. 教育与职业，2019，06:56-58.

[27] 陈宏艳，徐国庆. 基于核心素养的职业教育课程与教学变革探析[J]. 职教论坛，2018，3:57-61.

[28] 修南，唐智彬. 基于职业核心素养的职业教育专业课程标准研发理念[J]. 中国职业技术教育，2019，29:23-28.

[29] 付胜利. 基于职业教育的美育课程改革研究与实践[J]. 教育与职业，2010,27:133-134.

[30] 刘爱华，刘晓林. 面向核心素养的职业教育课程模式探新[J]. 教育与职业，2019，13:75-80.

[31] 孙荣春. 试论美育在职业院校的地位与作用[J]. 教育与职业，2009，33:153-155.

[32] 霍维佳，郝春生，陈艳. 以审美为核心构建高职院校人文素质教育体系[J]. 教育与职业，2009，14:180-181.

[33] 李光亮. 职业院校学生发展核心素养培养与职业素质教育类教材开发[J]. 中国职业技术教育，2018，23:83-86+93.

[34] 职业院校学生需要什么样的核心素养[J]. 中国职业技术教育，2019，40(3):6-7.

华信SPOC官方公众号

欢迎广大院校师生 **免费**注册应用

www.hxspoc.cn

华信SPOC在线学习平台

专注教学

教学课件
师生实时同步

数百门精品课
数万种教学资源

多种在线工具
轻松翻转课堂

电脑端和手机端（微信）使用

测试、讨论、
投票、弹幕……
互动手段多样

一键引用，快捷开课
自主上传，个性建课

教学数据全记录
专业分析，便捷导出

登录 www.hxspoc.cn 检索 华信SPOC 使用教程 获取更多

华信SPOC宣传片

教学服务QQ群：1042940196

教学服务电话：010-88254578/010-88254481

教学服务邮箱：hxspoc@phei.com.cn

电子工业出版社
PUBLISHING HOUSE OF ELECTRONICS INDUSTRY

华信教育研究所

反侵权盗版声明

电子工业出版社依法对本作品享有专有出版权。任何未经权利人书面许可，复制、销售或通过信息网络传播本作品的行为；歪曲、篡改、剽窃本作品的行为，均违反《中华人民共和国著作权法》，其行为人应承担相应的民事责任和行政责任，构成犯罪的，将被依法追究刑事责任。

为了维护市场秩序，保护权利人的合法权益，我社将依法查处和打击侵权盗版的单位和个人。欢迎社会各界人士积极举报侵权盗版行为，本社将奖励举报有功人员，并保证举报人的信息不被泄露。

举报电话：（010）88254396；（010）88258888

传　　真：（010）88254397

E-mail:　　dbqq@phei.com.cn

通信地址：北京市万寿路 173 信箱

　　　　　电子工业出版社总编办公室

邮　　编：100036